한국의 진딧물 Ⅰ (노린재목: 진딧물과)

The Aphids of Korea Ⅰ (Hemiptera: Aphididae)

서홍렬, 강의영, 오흥윤, 이민호, 이승환

Seo, Hongyul, Kang, Uiyoung, Oh, Heungyun,
Lee, Minho and Lee, Seunghwan

발간사

최근 과학자들은 기후변화와 서식지 감소, 환경오염 등으로 지구상의 생물들이 인간출현 이전보다 100배나 빠르게 감소하면서 6번째 대멸종의 위기에 직면했다고 경고하고 있습니다. IUCN은 전 세계 양서류의 41%와 포유류의 26%가 멸종위기에 처했다고 평가하고 있습니다. 우리나라에서도 멸종위기종이 '98년 194종에서 '17년 267종으로 증가하였고, 아직 밝혀지지 않은 생물종까지 위협에 직면하거나 사라지는 현상은 매우 안타까운 일입니다.

인류의 생존을 위해서는 생물다양성 보전이 무엇보다 우선해야 합니다. 따라서, 우리나라에 서식하는 자생생물을 찾아내고 과학적으로 정리해서 우리의 생물다양성을 지속 가능하게 관리할 수 있는 기반구축은 시급한 일입니다. 또한, 최근에는 무분별한 외국 생물의 수입과 유기, 비의도적인 외래종의 침입, 야생생물의 질병같은 여러 원인들 때문에 자생생물의 효율적 관리에 대한 요구도 커지고 있습니다.

그간 우리나라는 정부주도로 생물다양성 관리정책을 빠르게 추진했습니다. 2007년 국립생물자원관을 설립하고 국내외의 많은 분류학자가 참여하는 '자생생물 조사발굴 사업'을 중점적으로 추진했습니다. 그 결과 '96년 28,462종에 그쳤던 자생생물 종수는 '18년 국가생물다양성 통계자료집에 50,827종을 수록하게 되었습니다.

국립생물자원관은 이렇게 정리한 한반도 생물종의 분류 및 생태정보 제공을 위해 전문 학술지인 Journal of Species Research를 주기적으로 발간하고, '한국 생물지 발간' 사업에서 분류군별 국영문 전문 학술서적을 매년 순차적으로 출판하고 있습니다. '한반도의 생물다양성'누리집에서는 종별 사진과 생태자료 등의 전문자료도 제공하고 있습니다. 국립생태원, 국립낙동강생물자원관 등의 유관 연구기관들이 설립되고 연구인력도 크게 늘었습니다. 하지만, 지속가능한 생물다양성의 보전을 위한 연구는 관련 연구기관이나 전문가뿐만 아니라 준전문가와 일반인 등 전 국민이 함께 참여하고 노력할 때 더 효율적일 수 있습니다.

그러나, 준전문가 등이 학술논문과 전문

학술서적, 홈페이지 등의 정보를 이용하여 현장에서 쉽고 빠르게 종 동정을 하기는 상당한 어려움이 있었습니다. 그렇지만 최근에는 정보통신기술 등의 발달로 종에 대한 고해상도의 동정용 생태화상자료, 자세한 생태정보 등이 구축된다면 분류군에 따라서는 현장에서 신속 정확한 종 동정이 가능한 환경으로 변했습니다.

진딧물은 작지만 전 세계에 5,000여 종이 식물에 기생하여 농업, 산림 및 도시생태계 등에 큰 피해를 주는 곤충입니다. 국내에도 471종이 각종 수목 및 초본류에 피해를 주고, 여러 가지 식물병을 매개해서 환경문제를 일으키고 있습니다.

이 도감은 국내에 서식하는 다양한 진딧물들의 고화질 생태화상자료, 기주식물 및 기타 필요한 정보들을 담아 준전문가들이 현장에서 신속 정확한 종 동정과 효율적인 관리가 가능하도록 했습니다. 발간에 애써주신 내외부 연구진께 깊이 감사드리며, 앞으로 다양한 분야에서 진딧물에 대한 이해도 제고와 효과적인 관리에 이 도감의 역할을 기대합니다.

2019. 12.

국립생물자원관 관장 배연재

일러두기

1. 진딧물의 학명과 국명은 국립생물자원관의 국가생물종목록에 근거하였고 한국산 진딧물의 전체 목록을 권말에 수록하였다.

2. 사진은 본 연구진이 한국에서 촬영한 것을 사용하였고 촬영장소 및 날짜를 명기하였다.

3. 발생시기는 직접 자연에서 확인한 자료와 표본정보, 그리고 기존 국내자료를 종합하여 작성하였다.

4. 생태정보는 자연에서 확인한 자료, 동아시아 및 기타 국가들의 기록을 종합하여 정리하였다.

5. 특징은 무시태생암컷을 기본으로 서술하였고, 필요한 경우에 유시형을 서술하였다.

6. 기주식물은 자연에서 확인한 자료와 기존 국내외 자료 중 국내에 있는 식물 위주로 종합하였다.

7. 태생암컷은 단위생식으로 새끼를 낳는 형이고, 난생암컷은 유성생식을 통해 알을 낳는 형을 말한다.

8. 무시형은 무시의 태생 암컷을 말하고, 유시형은 유시의 태생 암컷을 말한다.

9. 유성형은 가을에 출현하는 난생암컷과 수컷을 말한다.

10. 몸길이는 머리의 앞쪽 끝에서 끝편의 끝까지의 길이다.

11. 가급적 한글용어를 사용했지만 불가피한 경우는 영어를 ( ) 속에 넣었다.

목 차

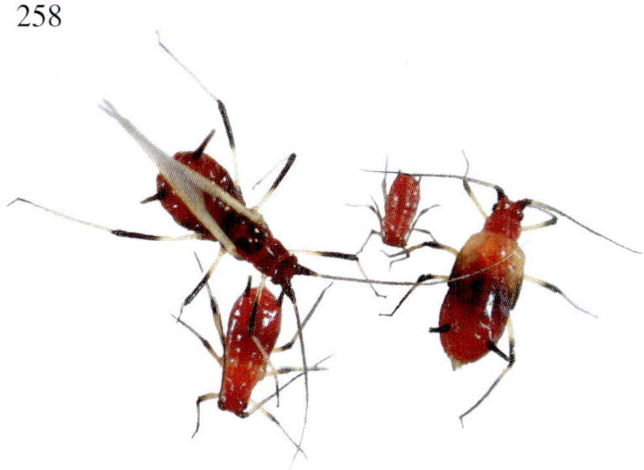

제1부
진딧물 총설

진딧물은

작은 곤충으로 식물의 체관부(phloem)에 구침을 찔러 영양분을 섭취하며 살아가는 대표적인 흡즙성 곤충이다. 이들은 대부분 종 별로 서식하는 식물들이 제한적이라 기주 특이성이 상당히 높다. 대부분의 진딧물은 먹이가 되는 식물의 줄기, 신초 또는 잎에 집단으로 서식하며 기주식물의 영양분을 수탈하여 각종 농작물이나 수목류에 직접적인 피해를 준다. 또한 섭식 과정에서 여러 가지 식물병을 유발하는 병원체들, 특히 바이러스를 기주식물로 옮겨 큰 피해를 주기도 한다. 따라서 농작물 및 산림 등의 해충관리에 있어 중요한 경제곤충으로 다뤄지고 있다. 하지만 진딧물은 크기가 작고 종류가 많아 정확한 종 판별에 어려움이 많다. 또한 계절에 따라 월동기주(1차기주)에서 여름기주(2차기주)로 이동하고, 환경에 따라 유시형과 무시형이 나타나며, 단위생식(처녀생식)과 양성생식을 거치는 과정에서 외부형태가 다양한 다형현상을 나타낸다. 따라서 정확한 종 판별을 위해서는 각 종의 형태적 차이뿐만 아니라 기주식물 및 생활사에 대한 정보가 필요하다. 본 책은 우리가 주변에서 흔히 보는 진딧물 104종에 대한 생태사진, 세부 형태적 특징, 기주식물, 생활사 등에 대한 정보를 수록하여 야외에서 진딧물 종 판별에 도움이 되고자 했다.

1. 진딧물의 다양성

분류학적으로 진딧물은 노린재목(Hemiptera), 진딧물아목(Sternorrhyncha)의 진딧물과(Aphididae)에 속하는 곤충으로, 진딧물아과(Aphidinae), 왕진딧물아과(Lachninae), 참알락진딧물아과(Calaphidinae) 등 24아과로 구성된다. 전 세계적으로 약 5,000여 종이 알려져 있으며, 우리나라에는 15아과 약 471종이 있다(국가생물종목록 III. 곤충, 2019). 진딧물은 식물 기생성으로 먹이식물의 다양성이 높은 온대지역일수록 종 다양성이 높다. 생물지리학적으로는 대부분의 종들 원산지는 북반구이다. 열대지역과 남반구가 원산인 종은 상대적으로 적은데, 이 지역의 분포종 중 대부분은 북반구 원산종들로 인간의 이주 및 무역활동 등을 통한 기주식물의 이동 시에 같이 옮겨간 종들이다.

2. 진딧물의 형태적 특징

대부분의 진딧물은 크기가 0.5-8 mm로 작고, 외부 형태가 단순해서 종 판별이 쉽지 않다. 따라서, 진딧물의 효율적인 종 판별을 위해서는 진딧물의 높은 기주 선택성을 활용해야 한다. 먼저 진딧물이 서식하는 기주식물을 정확히 파악하고, 그 후에 아래의 세부 형질들을 비교하여 최종적으로 종 판별을 한다.

무시태생암컷 진딧물의 형태

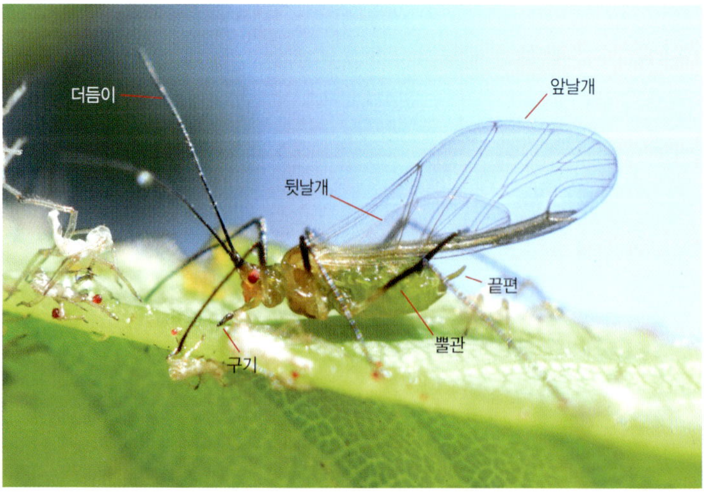

유시태생암컷 진딧물의 형태

진딧물은 대부분의 종들이 기주식물의 새순이나 잎 뒷면에 집단으로 서식하며, 크기가 작고 연약한 모양이라 다른 곤충들과 쉽게 구분된다. 특히 복부 5-6번 마디 측면에 있는 뿔관(siphunculus)과 끝에 있는 끝편(cauda)은 진딧물만 있는 중요한 특징이다.

그렇지만 진딧물 내에서 종을 구분하기는 매우 어렵다. 진딧물은 같은 종이라도 암컷과 수컷의 성별 차이가 있고, 유시형과 무시형으로 나뉘며 계절에 따른 형태적 변이도 다양하고 복잡하다. 따라서 육안으로 살아있는 진딧물을 관찰하여 종을 판별하기는 어려운 경우가 많다. 정확한 종 판별을 위해서는 프레파라트표본을 만들어 고배율의 현미경으로 아래와 같은 세부 형질들을 관찰해야 한다.

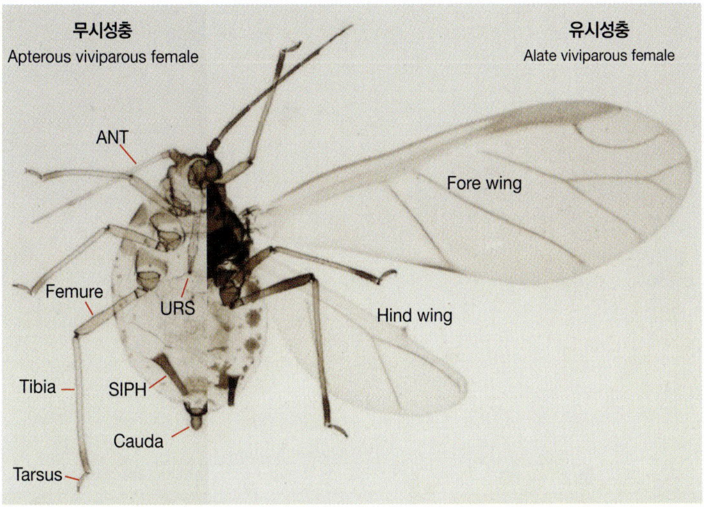

목화진딧물의 형태 및 명칭(진딧물 프레파라트표본)

ANT: 더듬이(antenna), Cauda: 끝편(꼬리), Femure: 넓적다리마디, Fore wing: 앞날개,
Hind wing: 뒷날개, SIPH: 뿔관(siphunculus), Tarsus: 발목마디, Tibia: 종아리마디
URS: 입틀 끝마디 또는 4+5(ultimate segment of rostrum)

머리에는 더듬이, 겹눈, 입틀 등이 있다. 더듬이는 4-6마디로 대부분은 6마디이다. 제 1-2 더듬이마디는 짧으나 다른 마디는 길다. 보통 유시형은 3-5번 더듬이마디, 무시형은 3번 더듬이마디에 2차감각기가 있다. 5-6번 더듬이마디에는 항상 1차감각기가 있다. 감각기의 모양은 원형, 타원형, 긴 타원형 등 다양하며 감각기의 모양, 수, 배열 형태는 분류학적으로 중요한 형질이다.

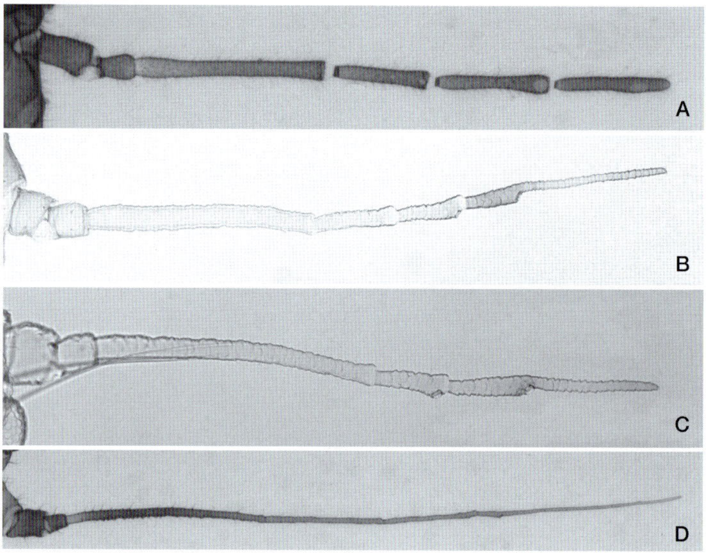

| 진딧물 더듬이 모양
A. 주둥이왕진딧물, B. 꼬부랑진딧물, C. 두릅쌍꼬리진딧물, D. 긴꼬리볼록진딧물

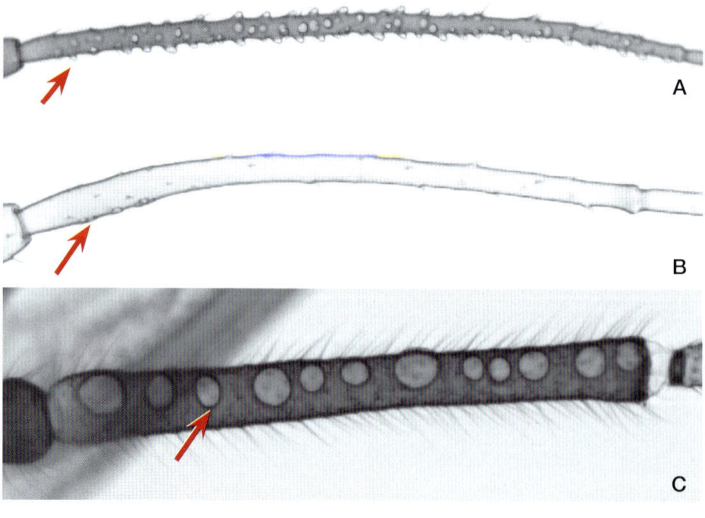

| 진딧물 더듬이(3번째 마디)의 2차감각기 형태
A. 대만수염진딧물, B. 찔레수염진딧물, C. 주둥이왕진딧물

겹눈은 비교적 큰 편이고, 종에 따라 눈혹(ocular tubercle)이 있다.

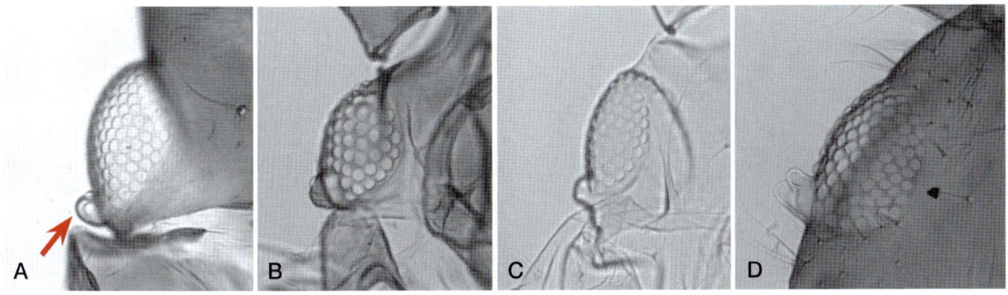

| 진딧물의 눈혹 형태
A. 대만수염진딧물, B. 조팝나무진딧물, C. 복숭아가루진딧물, D. 주둥이왕진딧물

입틀은 5마디이지만 끝마디(5번 마디)가 짧고 대개는 4번 마디와 꼭 붙어 입틀 끝마디(ultimate rostal segment)를 이룬다.

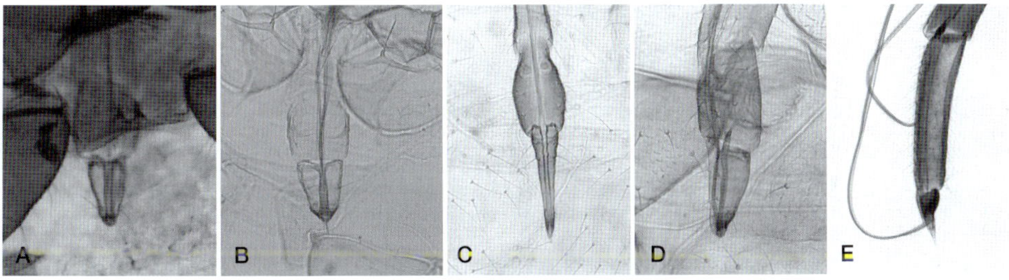

| 진딧물의 다양한 구기 형태
A. 긴꼬마볼록진딧물, B. 복숭아가루진딧물, C. 뾰족꼬마수염진딧물, D. 싸리볼록진딧물, E. 주둥이왕진딧물

다리는 일반 곤충과 마찬가지로 5마디이고, 각 다리의 발목마디(tarsus)는 2마디로 구성된다.
앞날개의 중맥(media)은 보통 3갈래나 2갈래이다. 뒷날개에는 2개의 비스듬맥만 있고, 앞쪽 가장자리의 2/3부분에 2-5개의 갈고리가 있어 앞, 뒷날개를 한 장의 날개처럼 연결한다. 배는 8개의 마디로 구성되며, 9번 배마디등판은 끝편(cauda)으로 변했다.

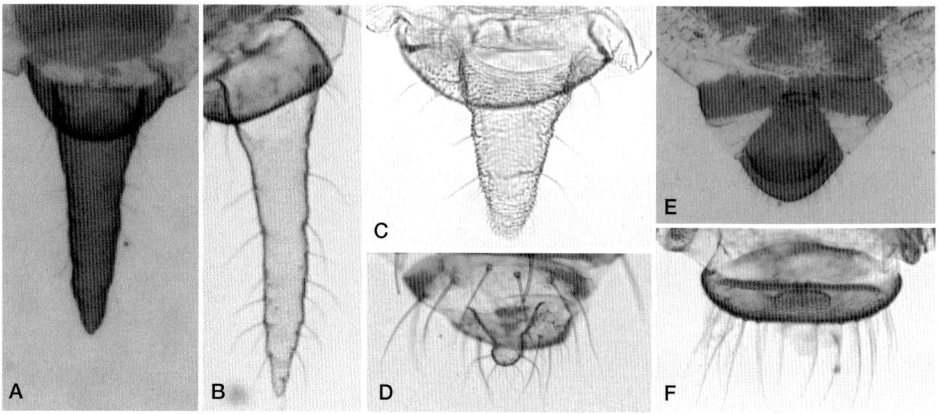

| 진딧물의 다양한 끝편 형태
A. 긴꼬마볼록진딧물, B. 대만수염진딧물, C. 꼬부랑진딧물, D. 은백양털진딧물, E. 주둥이왕진딧물, F. 털뿔진딧물

진딧물만 갖는 뿔관(siphinculus, cornicle)은 5번 배마디등판 또는 6번 배마디등판에 있으며 막대 모양으로 긴 것, 짧은 것 등 모양이 다양하지만 분류군에 따라 없는 종도 있다.

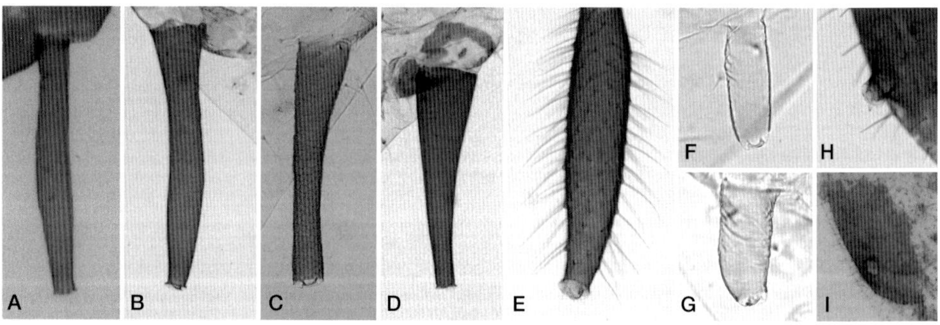

| 진딧물의 다양한 뿔관 형태
A. 긴꼬마볼록진딧물, B. 싸리볼록진딧물, C. 뾰족꼬마수염진딧물, D. 대만수염진딧물,
E. 털뿔진딧물, F. 복숭아가루진딧물, G. 꼬부랑진딧물, H. 은백양털진딧물, I. 주둥이왕진딧물

3. 진딧물의 생활사

진딧물은 지구의 북반구, 특히 아한대에서 온대지역에 주로 서식하는 식물을 먹이로 살아가는 곤충으로, 일부 열대지역 및 남반구에 서식하는 종들도 있으나 매우 제한적이다.

일반적으로, 온대 및 아한대지역에서 서식하는 많은 진딧물들은 겨울철 목본 기주식물(1차기주)에 수정란을 낳아 월동하고, 여름철 초본성 여름 기주(2차기주)로 이동해 단위생식(처녀생식)을 하는 경우가 많지만, 열대 지방과 온실 안에서는 연중 단위생식에 의해 번식하므로 유성세대가 없다. 진딧물의 생활사는 유성세대 유무에 따라 유성생식세대가 있는 완전생활환과 없는 불완전생활환 두 종류가 있다. 완전생활환은 다시 월동기주와 여름기주를 이동하는 이주형과 그렇지 않은 단식형으로 구분한다.

가. 완전생활환(Holocycle)

단식형 (Monoecy)

연중 같은 종류의 기주식물에 서식하고 여름 기주식물로 이동하지 않는다. 3-4월에 월동란에서 부화되면 무시성충이 되는데 이것을 간모라고 한다. 이들이 암컷새끼를 낳고 4령 애벌레가 탈피하여 성충이 되면 또 암컷을 낳게 된다. 번식을 2-3회 거듭하는 동안 유시형이 생겨 종내 경쟁을 피하기 위해 주변의 같은 기주식물로 날아가 번식하게 된다. 이와 같이 단위생식을 되풀이하다가 늦가을 월동전 유성형(sexupara) 암컷과 수컷을 낳고 이들이 교미 후 암컷은 월동기주의 줄기나 잎에 수정란을 낳고, 알태로 월동한다. 단식형 완전생활환(monoecious holocyclic) 진딧물의 대표적인 예로, 왕진딧물아과의 왕진딧물속, 호리왕진딧물속, 밤나무왕진딧물속, 장미왕진딧물속, 주둥이왕진딧물속 진딧물들이 있다.

이들의 생활사를 계절별로 요약하면,

① 3-4월에 월동란에서 진딧물이 부화한다.

② 월동란에서 깨어난 약충이 성충이 되는데 이 성충을 간모(fundatrix)라고 하며, 단위생식으로 무시태생암컷(apterae)을 낳는다.

③ 진딧물의 개체수가 늘어남에 따라 경쟁을 피하기 위해 유시태생암컷(alate viviparae)을 낳는다. 이 유시형은 인접한 같은 기주로 이동하여 번식하다가 6, 7월 여름이 되면 개체군이 감소한다.

④ 9월이 되면 다시 개체군이 증가하고 10월 중순과 하순에 유성형인 수컷(male)과 난생암컷(oviparae)이 태어나 교미를 한다.

⑤ 교미한 난생암컷은 기주식물에 월동란을 낳는다.

| 측백왕진딧물의 생활사(단식성 완전생활환)

이주형 (Migratory)

겨울 기주식물(primary host)에서 수정란으로 월동하여 다음 해 3-4월에 부화하여 간모가 나온다. 간모는 단위생식으로 무시충을 낳고 지속적으로 같은 방법으로 번식을 되풀이하는 동안 유시형이 생긴다. 유시형은 여름 기주식물(secondary host)로 날아가 단위생식을 되풀이 한다. 결국 겨울 기주식물에는 유시형의 비율이 무시충보다 높아지게 되어 초여름에는 전부 유시형이 되어 여름 기주식물로 날아가기 때문에 여름에는 겨울 기주식물에서 관찰되지 않는다. 대부분 여러 가지 식물을 먹이로 하는 진딧물로 목화진딧물이 대표적인 예이다.

① 3월 말에 월동란에서 진딧물이 부화한다.
② 월동란에서 부화한 약충은 간모(fundatrix)가 되며, 단위생식으로 무시태생암컷(apterae)을 낳는다.
③ 6, 7월에 유시태생암컷은 여름기주로 이동한다.
④ 여름기주에서 번식하여 집단을 만든다.
⑤ 가을이 되면 유시태생암컷과 유시형 수컷이 나와 1차 월동기주로 이동하며, 이중 유시태생암컷은 무시 난생암컷을 낳는다.
⑥ 이들이 교미를 하여 10-11월에 월동란을 낳는다.

목화진딧물의 생활사(광식성 완전생활환)

나. 불완전생활환(Anholocycly)

유성세대가 없이 단위생식만 계속하는 경우를 불완전생활환이라 한다. 왕진딧물아과의 버들왕진딧물은 수컷이 없으며 단위생식만 한다. 열대 지방의 대부분 진딧물이 여기에 속한다. 같은 종이라도 겨울이 추운 곳에서는 완전생활환, 따뜻한 곳에서는 불완전생활환을 갖는 경우도 있다.

버들왕진딧물의 생활사(불완전생활환)

4. 진딧물의 경제적 중요성

전 세계에 보고된 약 5,000여 종의 진딧물 중 약 250여 종이 농업해충, 1,700여 종이 산림해충으로 알려져 있다. 해마다 대발생하는 진딧물을 퇴치하기 위해 다양한 비용이 투입되면서 경제적으로 많은 손실이 발생한다. 진딧물은 식물의 어린 순이나 잎, 가지, 줄기와 뿌리에 군집을 형성하며, 기주식물의 영양분을 수탈해 일차피해를 준다. 진딧물은 기주식물의 생장부위에 비정상적인 발육을 유도해서 벌레혹(gall)이나 잎이 말리는 유사혹(pseudo gall) 등을 만드는데 이는 진딧물이 천적으로부터 군집을 보호하는 피난처 역할을 한다. 벌레혹은 농작물의 상품성을 떨어뜨려 경제적 손실을 만든다. 농작물에서 진딧물의 경제적 피해는 흡즙에 의한 1차피해보다는 이 과정에서 매개하는 각종 바이러스병, 그을음병 등의 이차피해가 더 심각하다. 그을음병은 진딧물이 배설하는 감로에 발생하는 곰팡이로 식물의 잎 표면에 전반적으로 발생하여 광합성을 저해하고, 생산하는 작물을 지저분하게 오염시켜 상품성을 떨어뜨린다. 감로는 진딧물의 소화과정에서 배출되는 이당류 화합물로서, 단맛이 나는 액체 감로가 식물의 잎에 묻으면 기공을 막아 광합성을 약화시킨다. 진딧물에 의한 경제적 피해 중 가장 큰 것은 심각한 식물 바이러스병의 매개이다. 전 세계적으로 원예작물, 화훼, 식량작물 등에서 큰 문제를 일으킨다.

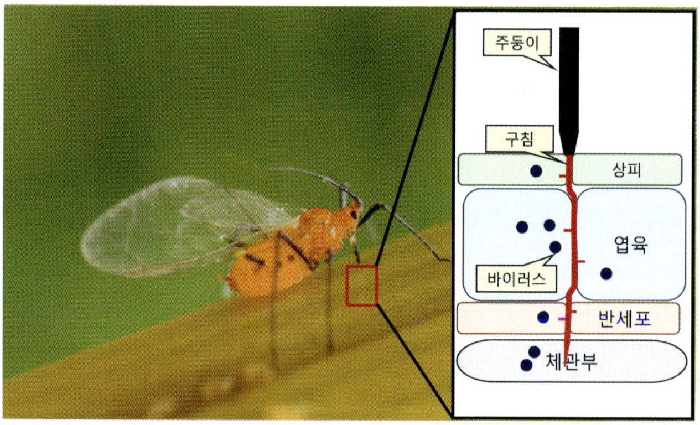

┃진딧물의 기주식물 체관부 흡즙과 바이러스 매개 과정

┃귀롱나무에 기생하는 기장테두리진딧물의 감로배출

┃은백양털진딧물 감로에 의한 은사시나무의 그을음병 발생

5. 진딧물의 천적

진딧물의 방제를 위한 농약 사용량이 증가하면 농약에 저항성을 가진 진딧물의 출현하여 방제가 어려운 경우가 흔하다. 저항성 진딧물 방제를 위해 더 많은 농약을 사용하는 악순환은 환경오염을 가속화시키고 농작물의 품질 저하와 생산량 감소의 원인이 되기도 한다. 이런 문제점을 해결하고자 진딧물의 천적인 기생벌과 무당벌레 등을 이용하여 진딧물을 방제하는 연구가 전 세계적으로 활발하다. 곤충들은 천적으로부터 생존하기 위해 다양한 생존 전략을 갖는데, 진딧물의 최대 생존 전략은 왕성한 번식력이다. 만약 진딧물이 기하급수적으로 번식한다면 지구 전체가 진딧물로 뒤덮이겠지만 기주식물의 제한, 강우와 천적의 영향 등으로 생태계에서 평형을 유지한다. 이중 진딧물의 천적은 포식자, 기생자 등 다양한 종류의 생물들이 역할을 담당한다. 포식자는 진딧물을 직접 잡아먹는 거미류, 응애류, 무당벌레류, 혹파리류, 풀잠자리류와 꽃등애류 등이 있다. 큰 포식자로는 조류와 양서류도 포함된다. 기생자는 진딧물 몸 속에 알을 낳아 진딧물을 미이라(mummy) 형태를 만들고 이 속에서 성충으로 자라는 종류로 기생벌 종류가 대부분이다. 또한 응애류처럼 진딧물의 외부에 기생하여 진딧물의 체액을 먹고 사는 경우도 있다.

| 응애류(*Allothrombium* sp.)

| 무테두리진딧물을 포식하는 칠성무당벌레

| 꽃등에류(*Paragus* sp.) 애벌레

| 기생봉(일본왕진디벌)과 기생당한 머미(Mummy)

다양한 진딧물 천적

1. 곤줄박이, 2. 애남생이무당벌레, 3. 진디벌에게 기생당한 머미, 4. 진디벌류, 5. 우단진드기, 6. 진디혹파리, 7. 등에류, 8. 연두어리왕거미, 9. 풀잠자리류, 10. 무당벌레와 알

| 다양한 진딧물 천적

11. 밤나무왕진딧물과 진디벌류, 12. 왕잠자리, 13. 금좀벌류, 14. 진딧물을 포식하는 풀잠자리류 애벌레, 15. 거미줄에 걸린 진딧물, 16. 진딧물을 사냥하는 구멍벌류, 17. 풀잠자리류 알, 18. 큰날개파리, 19. 진디혹파리류 애벌레(오렌지색), 20. 청개구리

6. 진딧물의 채집 및 표본 제작

가. 육안관찰을 통한 채집

진딧물은 기주특이성이 매우 높아 진딧물의 채집과 판별을 위해서는 기주식물에 대한 정보가 필수다. 일반적으로 어린잎의 뒷면이나 생장점이 있는 줄기의 끝부분에서 많이 관찰된다. 하지만 뿌리에 사는 종도 있으며, 벼과 식물의 잎과 줄기 사이의 안쪽에서 번식하는 경우도 있다. 또한 식물의 벌레혹, 유사벌레혹, 개미에 의해 형성된 흙더미에도 진딧물이 있을 가능성이 높다. 특히 유시형은 비행 중에 일시적으로 앉는 경우도 있어서 반드시 기주식물에서 정상적으로 번식한 1령 약충들의 유무를 확인해야 한다. 채집은 진딧물 개체나 집단이 있는 식물의 부위를 전정가위로 잘라 담는 것이 좋다. 일단 식물과 같이 채집된 진딧물은 보존 상태가 양호하고, 성충이 충분하지 않을 때 단기적인 사육이 가능하다. 채집 후 사진 촬영을 할 수 있는 장점도 있다.

나. 털기(beating)에 의한 채집

진딧물의 기주가 될만한 식물에서 뚜렷한 진딧물 군집이 관찰되지 않을 때 목본류의 가지나 초본류의 식물체를 털어 진딧물을 떨어뜨리는 방법이다. 기주식물 아래에 털어잡기망을 이용하거나 표면이 매끄러운 흰 쟁반을 밑에 두고 막대나 직접 손을 이용하여 털어서 떨어진 진딧물을 붓으로 채집한다.

다. 트랩(trap)을 이용한 방법

트랩을 이용한 방법은 끈끈이트랩(sticky trap)과 황색수반법(yellow pan trap)이 있다. 기주이동 시기에 기주가 되는 식물 주변으로 날아오거나, 기주와 기주 간 이동 하는 유시형을 채집하는 방법이다. 진딧물이 노란색 파장에 유인되는 습성을 이용하여 끈끈이트랩과 황색수반은 모두 노란색을 사용한다. 끈끈이트랩은 진딧물의 비행 방향이나 높이를 예측하여 설치하고, 황색수반은 직경 15 cm, 깊이 4 cm 정도의 노란색 플라스틱 물그릇을 지면 높이에 배치하여 기주식물에 모이는 진딧물을 유인한다. 황색수반에 물을 채운 다음에는 반드시 물의 표면장력을 약화시키는 계면활성제(주방용 세제)를 1-2 방울을 넣어준다. 트랩 채집법은 기주식물 정보가 확실하지 않아 유시형의 종 판별이 어려운 단점이 있다.

라. 프레파라트 표본 제작

일반적으로 곤충은 건조표본을 만들어 보존하고 관찰하지만 진딧물은 몸이 연약하여 건조시키면 심한 손상을 입기 쉽다. 또한 편리한 방법인 액침표본은 관찰이 불편한 단점이 있다. 진딧물은 고배율의 현미경을 이용해서 세밀한 형질을 관찰하는 경우가 많아서 프레프라트 표본을 제작해서 보존하고 활용하는 것이 최적의 방법이다. 채집한 진딧물 표본은 95% 에탄올에 액침하여 −10°C의 냉동고에 보관 후 다음의 방법으로 프레프라트 표본을 만든다.

① 진딧물의 복부에 작은 구멍을 내고 0.6 mL 튜브에 옮긴다.
② 10% KOH 용액을 넣어 10-30분 끓는 물에서 중탕 한다.
③ 스포이드로 KOH 용액을 제거하고 5-6회 가량 증류수로 표본을 세척하고 20분 담가 둔다.
④ 스포이드로 증류수를 제거하고, 빙초산 용액으로 3회 세척한다.
⑤ 스포이드로 빙초산을 제거하고, 에탄올의 농도를 50% → 70% → 90%순서로 높여가며 수분을 제거한다.
⑥ 스포이드로 에탄올을 제거한 뒤 클로브오일에 20분 이상 담가 둔다.
⑦ 슬라이드글라스에 캐나다발삼과 자일렌을 9:1 비율로 섞은 용액을 한 방울 올려준 뒤, 그 위에 진딧물 1개체를 올려 모양을 잡아주고 커버글라스로 덮는다.
⑧ 50°C의 건조기에서 표본을 건조시킨다.

제 2 부
진딧물 104종

가. 까마귀쪽진딧물아과 Aiceoninae Takahashi, 1921

1. *Aiceona japonica* 까마귀쪽진딧물

발생시기 5-6월

서식부위 가지, 잎 뒷면

생태 단식성 완전생활환을 갖는다. 일본에서는 5월 경에 날개 있는 유성형이 무시형 및 유시형 태생 암컷과 같이 발생한다.

특징 체색은 흑갈색이고 흰 밀납으로 덮여 있다. 크기는 3 mm 정도이다. 더듬이는 몸길이의 1/2 정도이다. 대발생하면 집단 밑의 나뭇잎이 흥건하게 젖을 정도로 많은 감로를 배설한다.

기주식물 까마귀쪽나무

1. 무시성충 2015-05-26. 전남 여수시 삼산면 의성길 초도 까마귀쪽나무
2. 2015-06-15. 제주 우도면 우도 까마귀쪽나무
3. 유시성충 2015-05-27. 전남 여수시 삼산면 거문리 거문도 까마귀쪽나무
4. 2015-06-15. 제주 우도면 우도 까마귀쪽나무
5. 2014-06-20. 전남 노화읍 보길도 까마귀쪽나무
6. 2015-05-26. 전남 여수시 삼산면 의성길 초도 까마귀쪽나무

나. 층층나무진딧물아과 Anoeciinae Tullgren, 1909

2. *Anoecia corni* 검은층층나무진딧물

발생시기 5-11월

서식부위 잎, 뿌리

생태 광식성 완전생활환을 갖지만 벼과 식물에서는 연중 뿌리에서 불완전생활환을 갖는 경우도 있다. 일차기주는 말채나무류이고 이차기주는 벼과 식물로, 뿌리나 지제부에 서식한다. 개미와 공생한다. 일본에서는 밭벼의 해충으로도 알려져 있다.

특징 봄에 층층나무속 식물에서 출현하는 무시형은 진갈색이지만 여름에 벼과 식물의 뿌리에 사는 무시형은 녹회색에서 갈색이고 진한 회색의 피부딱지가 있다. 봄의 간모는 3개의 홑눈과 5개의 더듬이마디가 있지만 후속세대는 큰 겹눈과 6개의 더듬이마디가 있다. 봄의 이주형 유시형과 가을의 산성형은 복부 3-6번 마디에 어두운 반점이 있다. 뿔관은 뚜렷하지 않고 구멍 흔적으로만 보인다.

기주식물 벼과류, 말채나무류

5

6

7

8

9

1. 무시성충 2019-05-08. 서울 동대문구 회기로 홍릉수목원 산수유나무
2. 간모 2019-04-04. 서울 서초구 새원길 청계산 산수유나무
3. 무시성충 2017-04-21. 경기 수원시 영통구 영통로 영흥공원 산수유나무
4. 유시성충 2014-10-29. 강원 춘천시 화목원길 강원도립화목원 층층나무
5. 2015-04-30. 경기 포천시 소흘읍 광릉수목원로 노랑말채나무
6. 2018-05-08. 서울 서초구 원지동 청계산 산수유나무
7. 2014-10-29. 강원 춘천시 화목원길 강원도립화목원 층층나무
8. 유시약충 2014-05-09. 경기 여주시 산북면 상품리 해여림식물원 말채나무
9. 2014-05-29. 경북 울릉군 울릉읍 도동리 층층나무

다. 진딧물아과 Aphidinae Latreille, 1802

3. *Acyrthosiphon pisum* 완두수염진딧물

발생시기 4-5월

서식부위 줄기의 선단부, 잎 뒷면

생태 단식성 완전생활환을 갖는다. 연중 콩과 식물에서 생활한다. 따뜻한 지역에서는 태생암컷으로, 추운 곳에서는 알로 월동한다.

특징 체색은 연녹색이다. 뿔관은 가늘고 길며 기부를 제외하고 검은색이다. 더듬이는 몸길이보다 길다. 만지면 쉽게 식물체에서 떨어진다. 비슷한 종인 토끼풀수염진딧물은 옅은 밀납이 있고, 푸른빛이 도는 녹색을 띤다. 뿔관은 체색과 같은 녹색으로 말단부만 약간 어두워서 구별된다.

기주식물 콩류

1

2

3

1. 무시성충 2015-06-11. 인천 옹진군 덕적면 서포마을 덕적도 완두
2. 무시성충 2014-04-30. 전남 완도군 완도읍 청해진서로 완두콩
3. 유시성충 2014-04-30. 전남 완도군 완도읍 청해진서로 완두콩
4. 2014-04-30. 전남 완도군 완도읍 청해진서로 완두콩
5. 2013-06-10. 인천 중구 을왕동 용유도 갯완두
6. 2015-04-27. 전남 완도군 노화읍 노화서로 완두콩
7. 2013-06-10. 인천 중구 을왕동 용유도 갯완두
8. 2015-06-11. 인천 옹진군 덕적면 서포마을 덕적도 완두
9. 2015-06-11. 인천 옹진군 덕적면 서포마을 덕적도 완두

다. 진딧물아과 Aphidinae Latreille, 1802

4. *Acyrthosiphon chelidonii* 애기똥풀수염진딧물

발생시기 5-10월

서식부위 신초, 어린 잎

생태 단식성 완전생활환을 갖는다. 가을에 유성형이 출현하여 교미 후에 애기똥풀의 잎이나 줄기에 알을 낳아 월동한다.

특징 체색은 연한 녹색으로 회백색 밀납이 덮고 있고 배마디가 뚜렷하다. 더듬이는 황갈색이며 각 마디의 끝부위는 어두운 색이다. 끝편, 뿔관, 다리는 체색과 같다.

기주식물 애기똥풀

1. 무시성충 2014-12-09. 경기 양평군 양서면 신원리 애기똥풀
2. 유시성충 2018-11-28. 경기 하남시 하산곡동 검단산 애기똥풀
3. 산란형 암컷 2018-11-28. 경기 하남시 하산곡동 검단산 애기똥풀
4. 유시성충 2018-11-28. 경기 하남시 하산곡동 검단산 애기똥풀
5. 2014-03-31. 서울 강동구 암사동 선사주거지 애기똥풀
6. 알 2015-11-20. 전북 무주군 부남면 상평당길 애기똥풀
7. 2019-06-26. 충북 음성군 소이면 국립약용식물원 애기똥풀
8. 2019-06-26. 충북 음성군 소이면 국립약용식물원 애기똥풀
9. 2019-06-07. 경기 광주시 화담숲 애기똥풀
10. 2015-10-19. 경북 청송군 청송읍 못골길 애기똥풀

다. 진딧물아과 Aphidinae Latreille, 1802

5. *Aphis celastrii* 노박덩굴진딧물

발생시기 4-10월

서식부위 잎, 덩굴

생태 단식성 완전생활환을 갖는다. 일년에 여러 세대가 발생하는데, 노박덩굴에 4-5월 경에 출현하여 기주전환 없이 서식한다. 일본에서는 마디풀류인 *Polygonium reynoutria*로 기주전환 한다.

특징 약충은 밝은 노란색을 띠고, 성충이 되면 진노란색이 된다. 뿔관과 끝편은 검은색이다. 더듬이의 끝부분, 다리 각 마디의 관절부위와 발목마디도 검은색이다.

기주식물 노박덩굴, 낙상홍

1

2

3

1. 무시성충 2013-10-07. 경기 퇴촌면 고마리 노박덩굴
2. 2013-10-07. 경기 퇴촌면 고마리 노박덩굴
3. 유시성충(오른쪽 위) 2013-10-07. 경기 퇴촌면 고마리 노박덩굴
4. 2019-08-30. 경기 남양주시 경강로 노박덩굴
5. 2013-10-07. 경기 퇴촌면 고마리 노박덩굴
6. 2013-10-07. 경기 퇴촌면 고마리 노박덩굴

6. *Aphis clerodendri* 누리장진딧물

발생시기 5-11월

서식부위 새잎의 뒷면

생태 단식성 완전생활환을 갖는다. 연중 누리장나무에서 생활한다. 이 종의 발생 밀도가 높아지면 식물체의 잎이 말리면서 작아진다. 6월 경 유시형이 출현하면 분산하기도 한다. 한여름에는 작은 집단을 형성한다. 개미와 공생한다.

특징 체색은 연황색에서 연녹색이고 뿔관은 어둡다. 끝편은 회색을 띤다. 봄형은 황록색으로 대형이고, 여름형은 연황색으로 소형이다. 누리장나무에서 말리고 작아진 잎에서 개미를 동반한 노란 진딧물이 보이면 이 종이다.

기주식물 누리장나무

1. 무시성충 2019-06-13. 경기 남양주시 수동면 물맑음수목원 누리장나무
2. 무시성충(가운데) 2015-05-27. 전남 여수시 삼산면 거문리 거문도 누리장나무
3. 유시성충 2019-06-13. 경기 남양주시 수동면 물맑음수목원 누리장나무
4. 유시성충 2015-06-17. 제주 서귀포시 안덕계곡 누리장나무
5. 2015-05-27. 전남 여수시 삼산면 거문리 거문도 누리장나무
6. 2015-05-27. 전남 여수시 삼산면 거문리 거문도 누리장나무

다. 진딧물아과 Aphidinae Latreille, 1802

7. *Aphis craccivora* 아카시아진딧물

서식부위 줄기 끝

생태 광식성 완전생활환을 갖는다. 환경에 따라 유성세대 없이 태생암컷으로 연중 발생하기도 한다. 개미와 공생한다.

특징 체색은 빛나는 검은색이다. 뿔관과 끝편은 검은색이다. 약충은 연한 갈색으로 얇은 흰 밀납으로 덮여 있다. 넓적다리마디의 끝부와 종아리마디의 끝부, 발목마디는 검은색이고 나머지 부위는 밝은색이다. 3-4번 더듬이마디는 밝은색이고 나머지는 어둡다. 끝편은 긴 혀모양이다.

기주식물 콩과류

1. 무시성충 2013-10-19. 경기 광주시 중부면 광지원리 팥
2. 2014-09-23. 경기 동두천시 동두천동 소요산 회화나무
3. 2013-10-24. 전남 광양 백운산 동부
4. 유시성충 2019-06-10. 서울 강남구 일원로 대모산 아카시아나무
5. 간모 2019-04-05. 서울 강동구 둔촌동 일자산 낭아초
6. 2015-06-09. 인천 옹진군 덕적면 소야리 소야도 아카시아나무
7. 2019-10-14. 서울 성동구 성수동 서울숲 아카시아나무
8. 2013-10-24. 전남 광양 백운산 동부
9. 짝짓기 2018-11-27. 경기 하남시 천호대로 일자산 낭아초
10. 2018-11-23. 서울 강동구 둔촌동 일자산 낭아초
11. 산란형 암컷 2018-11-23. 서울 강동구 둔촌동 일자산 낭아초
12. 알 2018-11-23. 서울 강동구 둔촌동 일자산 낭아초

다. 진딧물아과 Aphidinae Latreille, 1802

8. *Aphis crinosa* 쥐똥나무진딧물

발생시기 4-10월

서식부위 신초

생태 단식성 완전생활환을 갖는다. 10월 경에 유성형이 출현하여 교미 후에 알을 낳아 월동한다. 이듬해 3월 중순경에 월동란에서 간모가 태어나 무성세대가 시작된다. 밀도가 높아지면 오래된 가지에서도 서식한다.

특징 몸 전체가 흰 밀납으로 덮여 있다. 체색은 무시형은 적갈색, 유시형은 흑갈색이지만 밀납 때문에 회색으로 보인다. 뿔관은 끝편 길이보다 짧거나 같고, 끝부위에 테두리가 없다.

기주식물 쥐똥나무, 섬쥐똥나무, 인동, 청백당나무

1. 무시성충 2018-04-25. 경기 양평군 강하면 왕창부로길 쥐똥나무
2. 2019-05-10. 경기 포천시 소흘읍 직동길 쥐똥나무
3. 2019-05-31. 경기 포천시 영북면 산정리 평강식물원 쥐똥나무
4. 유시성충 2018-05-08. 서울 서초구 원지동 청계산 쥐똥나무
5. 2014-09-23. 경기 동두천시 동두천동 소요산 쥐똥나무
6. 알 2015-12-01. 경기 남양주시 와부읍 도심길 쥐똥나무
7. 2015-12-01. 경기 남양주시 와부읍 도심길 쥐똥나무
8. 알 2015-12-01. 경기 남양주시 와부읍 도심길 쥐똥나무
9. 간모 2015-03-016. 경기 남양주시 와부읍 도심길 쥐똥나무
10. 유시성충 2015-12-01. 경기 남양주시 와부읍 도심길 쥐똥나무

다. 진딧물아과 Aphidinae Latreille, 1802

9. *Aphis egomae* 들깨진딧물

발생시기 5-8월

서식부위 잎 뒷면

생태 생활사는 불분명하다. 주로 최상부의 신초 부위에서 집단을 형성한다. 흡즙하면서 잎을 쭈글쭈글하게 뒤로 만다. 피해가 심하면 잎이 심하게 변형된 어리벌레혹(pseudogall)이 만들어진다.

특징 체색은 노란색에서 연두색이며 약간의 광택이 있다. 더듬이와 다리 끝부분 및 뿔관은 검은색이다. 끝편은 짧아서 뿔관의 약 2/3 정도이다.

기주식물 들깨, 들깨풀

1

2

3

1. 무시성충 2019-05-13. 전남 고흥군 풍양면 양리길 들깨
2. 2015-08-10. 충남 공주시 무릉중말길 들깨
3. 유시성충 2015-08-31. 강원 정선군 정선읍 애산리 들깨
4. 유시약충 2015-09-02. 강원 정선군 남면 민둥산로 들깨
5. 2019-05-13. 전남 고흥군 풍양면 양리길 들깨
6. 2019-05-13. 전남 고흥군 풍양면 양리길 들깨

다. 진딧물아과 Aphidinae Latreille, 1802

10. *Aphis fabae* 잠두진딧물

발생시기 5-8월

서식부위 잎 뒷면

생태 시설재배지의 고추, 콩, 토마토 등에서 유성세대 없이 연중 발생한다. 유럽에서는 기주전환을 하며 완전생활환을 갖는 것으로 알려졌다. 일차기주는 노박덩굴, 참빗살나무, 백당나무 등이 알려져 있고 이차기주는 콩과, 가지과, 국화과 식물 등 아주 다양하다. 다양한 식물에서 서식하는 생태적 특징 때문에 외국에서는 경제적 피해가 큰 종으로 경계하고 있다. 개미와 공생한다.

특징 체색은 암갈색에서 흑갈색이지만 광택은 없다. 다리와 더듬이 부분은 밝은색이다. 약충은 밀납을 분비한다.

기주식물 콩, 돌콩, 토마토, 해바라기, 국화, 까마중, 뽀리뱅이, 지칭개 등

1. 무시성충 2013-05-20. 경기 성남시 수정구 상적동 화살나무
2. 유시약충 2013-05-20. 경기 성남시 수정구 상적동 화살나무
3. 2015-06-04. 전남 순천시 서면 수통복실 화살나무
4. 2013-05-20. 경기 성남시 수정구 상적동 화살나무
5. 2018-05-08. 서울 서초구 원지동 청계산 화살나무
6. 2019-04-30. 서울 성동구 뚝섬로 서울숲 화살나무

다. 진딧물아과 Aphidinae Latreille, 1802

11. *Aphis farinosa* 버들진딧물

발생시기 5-8월

서식부위 신초

생태 단식성 완전생활환을 갖는다. 버드나무류에서 연중 발생한다. 여름에 녹색의 산란형 성충과 오렌지색의 수컷이 발생하여 유성세대를 이룬다. 알로 월동한다. 개미와 공생하는 경우가 많다.

특징 체색은 진녹색에서 암녹색 또는 노란색에서 주황색으로 변이가 크다. 뿔관은 끝편보다 3배 길고 약간 황색을 띤다. 끝편은 암갈색이다. 유시충은 검은색이다.

기주식물 갯버들, 닥장버들, 분버들, 수양버들, 왕버들 등

1. 무시성충 2019-05-28. 경기 양평군 양서면 양수로 세미원 버드나무
2. 유시성충 2019-05-28. 경기 양평군 양서면 양수로 세미원 버드나무
3. 2014-04-17. 서울 강동구 길동 일자산 버드나무
4. 2018-05-09. 경기 양평군 양서면 신원리 버드나무
5. 채색변이 2015-06-19. 경기 남양주시 화도읍 마석우리 버드나무
6. 새끼낳기 2019-05-28. 경기 양평군 양서면 양수로 세미원 버드나무
7. 2018-05-08. 서울 서초구 원지동 청계산 버드나무
8. 2014-06-06. 경기 광주시 중부면 회안대로 버드나무

다. 진딧물아과 Aphidinae Latreille, 1802

12. *Aphis fukii* 머위진딧물

발생시기 5-10월

서식부위 잎 뒷면

생태 생활사는 불분명하다. 기주전환은 없다고 여겨지며 월동형태는 불분명하다. 흡즙 피해가 심하면 잎이 뒤로 말리며, 신초 부위는 거의 유사혹을 형성할 정도로 오그라든다. 개미와 공생한다.

특징 체색은 진하거나 연한 갈색이다. 뿔관과 끝편은 검은색이다. 비슷한 종인 목화진딧물은 끝편의 털이 4-7개이지만, 이 종은 8-12개로 구별된다.

기주식물 머위, 털머위

1. 무시성충 2013-09-25. 경기 성남시 수정구 상적동 신구대학 식물원
2. 유시성충 2013-09-25. 경기 성남시 수정구 상적동 신구대학 식물원
3. 유시약충 2015-09-08. 경기 안성시 보개면 적가리
4. 2016-10-24. 서울 강동구 둔천동 일자산
5. 2015-09-08. 경기 안성시 보개면 적가리 머위
6. 어리벌레혹 2013-09-25. 경기 성남시 수정구 상적동 신구대학식물원

다. 진딧물아과 Aphidinae Latreille, 1802

13. *Aphis glycines* 콩진딧물

발생시기 4-10월

서식부위 잎 뒷면, 신초, 잎자루, 꽃자루

생태 광식성 완전생활환을 갖는다. 4월 중순부터 콩의 어린잎에 나타나며 10월 경에 일차기주인 갈매나무나 좀갈매나무로 이주하여 알로 월동한다. 주로 콩의 어린잎 뒷면을 흡즙하며, 피해를 받은 잎은 쭈글쭈글해진다. 미국, 캐나다 등으로 퍼져서 북미 콩 주요 재배지의 심각한 해충이 되었다. 큰 집단을 이루는 경우가 많다.

특징 체색은 노란색에서 녹색이다. 뿔관의 기부는 밝은색이지만 끝부 쪽은 어둡게 변한다. 더듬이는 몸길이보다 짧다.

기주식물 콩, 돌콩, 팥, 갈매나무, 좀갈매나무

1. 무시성충과 약충 2018-09-21. 서울 강동구 고덕동 고덕산 백태
2. 유시성충 2013-09-08. 서울 광진구 광장동 아차산생태공원 돌콩
3. 2013-09-08. 서울 광진구 광장동 아차산생태공원 돌콩
4. 2013-09-08. 서울 광진구 광장동 아차산생태공원 돌콩
5. 2017-08-10. 경기 양평군 강하면 왕창리 백태
6. 2017-08-10. 경기 양평군 강하면 왕창리 백태

다. 진딧물아과 Aphidinae Latreille, 1802

14. *Aphis gossypii* 목화진딧물

발생시기 4-11월

서식부위 잎, 줄기

생태 광식성 완전생활환을 갖는다. 무궁화와 개오동 등을 일차기주로 삼아 월동하며, 다양한 이차기주 식물들로 이주하여 큰 피해를 주는 종이다. 유럽에서는 딸기류의 식물에서 기주전환 없이 월동하는 경우도 있다. 식물에게 치명적인 해를 끼치는 50여 종의 바이러스를 매개하는 종이다. 이 종은 기주식물의 범위가 아주 넓고, 생태적, 형태적으로도 다양한 변이를 보인다. 또한 적응력과 번식력도 좋아서 중요한 해충으로 취급 한다. 여름의 고온기에는 작고 노란 개체도 볼 수 있다. 4월 하순부터 6월까지 무궁화에서 대발생한다. 월동은 알 또는 태생암컷으로 한다.

특징 체색은 진녹색에서 검은색이나 황색으로 기주식물에 따라 변이가 크다. 뿔관은 검은색이다. 끝편은 옅은색으로 4-7개의 센털이 있다. 더듬이는 몸길이보다 짧다. 유시형이 될 약충은 흰 밀납이 있다. 체색과 크기는 변이가 심해서 최종 종 판별은 프레파라트 표본이 가장 확실하다.

기주식물 무궁화, 가지, 감귤, 감나무, 감자, 거베라, 독활, 광대수염, 떡갈나무 등

1

2

3

1. 무시성충 2019-04-18. 경남 고성군 거류면 신용리 무궁화
2. 유시성충 2019-08-30. 경기 남양주시 경강로 무궁화나무
3. 2019-08-30. 경기 남양주시 경강로 무궁화나무
4. 2013-05-22. 서울 강동구 둔촌동 일자산 족제비싸리
5. 2015-11-12. 충남 청양군 대치면 수석리 달개비풀
6. 2014-04-14. 경기 성남시 수정구 복정동 무궁화나무
7. 2014-06-23. 전남 노화읍 부황리 보길도 달개비

8. 2014-05-27. 경북 울릉군 울릉읍 저동리 무궁화나무
9. 2014-10-23. 서울 구로구 항동 푸른수목원 무궁화나무
10. 유시약충 2014-10-23. 서울 구로구 항동 푸른수목원 무궁화나무
11. 2014-04-14. 경기 성남시 수정구 복정동 무궁화나무
12. 간모 2019-04-08. 경기 하남시 미사동 무궁화

13

14

15

16

17

13. 2018-04-30. 서울 광진구 광장동 아차산생태공원 무궁화나무
14. 2018-04-17. 전북 익산시 여산면 여산동촌길 무궁화나무
15. 2015-11-12. 충남 청양군 대치면 수석리 달개비풀
16. 짝짓기 2018-11-16. 경기 하남시 대성로 무궁화나무
17. 알 2014-03-17. 서울 송파구 올림픽로 아시아공원 무궁화나무

다. 진딧물아과 Aphidinae Latreille, 1802

16. *Aphis kurosawai* 쑥진딧물

발생시기 6-10월

서식부위 잎 뒷면, 줄기 끝

생태 단식성 완전생활환을 가지며 쑥류에서 연중 발생한다. 쑥류에 기주특이성이 강하다. 기주식물의 신초와 어린잎 뒷면에 발생한다. 알로 월동한다.

특징 체색은 노란색, 연두색, 녹색, 갈색으로 다양하지만 연한 흰 밀납때문에 회색으로 보이기도 한다. 뿔관과 끝편은 어둡다. 이 종은 밀납이 보호색처럼 작용하여 흰색 털이 많은 쑥류의 잎 뒷면에서는 눈에 잘 띄지 않는다.

기주식물 쑥, 그늘쑥, 넓은잎외잎쑥, 덤불쑥, 물쑥, 산쑥 등

1. 무시성충 2014-10-24. 경기 남양주시 화도읍 천마산 쑥
2. 2014-09-22. 경기 동두천시 동두천동 쑥
3. 유시성충 2018-05-16. 충북 음성군 감곡면 쑥
4. 2013-05-22. 경기 수정구 금토동 쑥
5. 2015-09-16. 강원 고성군 간성읍 금수리 쑥
6. 2014-10-24. 경기 남양주시 화도읍 천마산 쑥
7. 2014-09-22. 경기 동두천시 동두천동 쑥

다. 진딧물아과 Aphidinae Latreille, 1802

17. *Aphis nerii* 박주가리진딧물

발생시기 4-10월

서식부위 덩굴, 잎 뒷면

생태 광식성 불완전생활환을 가지며 연중 발생한다. 국내에서는 태생암컷으로 월동하지만, 일본에서는 유성세대가 나타나기도 한다. 박주가리와 협죽도에서 주로 서식한다. 일부 바이러스를 매개한다.

특징 체색은 노란색이고, 더듬이, 다리는 어둡다. 뿔관과 끝편은 검은색이다.

기주식물 박주가리, 협죽도, 백합, 하수오

1. 무시성충 2014-09-25. 서울 중랑구 면목동 용마산 박주가리
2. 유시성충 2014-11-14. 서울 강동구 암사동 선사유적지 박주가리
3. 2015-10-19. 경북 청송군 청송읍 못골길 박주가리
4. 무시성충의 새끼낳기 2013-10-16. 서울 강남구 청담동 청담도로공원 박주가리
5. 몸이 쭈글쭈글 변한 월동형 성충 2018-12-15. 서울 강남구 삼성동 박주가리
6. 2015-07-01. 대구 달성군 달성읍 문양리 박주가리
7. 2015-07-01. 대구 달성군 달성읍 문양리 박주가리
8. 2014-10-01. 강원 정선군 정선읍 애산리 박주가리

다. 진딧물아과 Aphidinae Latreille, 1802

18. *Aphis odinae* 붉나무소리진딧물

발생시기 5-9월

서식부위 잎 뒷면, 신초

생태 전 세계적으로 단식성 완전생활환과 불완전생활환 2종류가 있다. 국내에서는 11월 초순에 유성형이 출현하여 교미 후 월동란을 낳는다. 개미와 공생한다. 주로 잎 뒷면의 주맥이나 신초 부위에서 집단을 형성한다.

특징 체색은 적갈색에서 암갈색이지만 암록색인 경우도 있다. 광택은 없다. 뿔관과 끝편은 어둡다. 더듬이는 몸길이보다 짧다. 뿔관은 끝편보다 훨씬 짧다.

기주식물 두릅나무과, 멀구슬나무과, 층층나무과, 운향과, 수국과, 호도과, 옻나무과, 조팝나무과, 노박덩굴과 등

1. 무시성충 2013-09-25. 경기 성남시 수정구 상적동 신구대학 식물원 두릅나무
2. 유시성충과 약충 2019-05-15. 전남 고흥군 과역면 백일리 붉나무
3. 2015-05-28. 전남 여수시 삼산면 덕촌리 거문도 돈나무
4. 2013-09-25. 경기 성남시 수정구 상적동 신구대학식물원 노박덩굴
5. 2014-10-07. 충북 제천시 의병대로 붉나무
6. 2017-06-27. 경기 구리시 교문동 옻나무
7. 2017-06-27. 경기 구리시 교문동 옻나무

8. 2015-06-10. 인천 옹진군 덕적면 서포리 덕적도 가중나무
9. 2018-04-25. 경기 양평군 강하면 왕창부로길 붉나무
10. 2015-05-28. 전남 여수시 삼산면 덕촌리 거문도 돈나무
11. 2013-05-20. 경기 성남시 수정구 상적동 수국

12. 2018-11-07. 서울 성동구 뚝섬로 서울숲 붉나무
13. 수컷 2018-11-07. 서울 성동구 뚝섬로 서울숲 붉나무
14. 산란형 암컷과 알 2016-11-28. 충북 진천군 백곡면 성대리 붉나무
15. 알 2016-11-28. 충북 진천군 백곡면 성대리 붉나무

다. 진딧물아과 Aphidinae Latreille, 1802

19. *Aphis rumicis* 소루쟁이진딧물

발생시기 3-10월

서식부위 줄기, 잎 뒷면, 꽃다발

생태 단식성 완전생활환을 갖는다. 소리쟁이류에서 연중 발생한다. 잎의 아래쪽에 살며 흡즙 피해가 심하면 잎을 뒤로 말아 긴 대롱모양으로 만든다. 보통 집단 내에서 유시충은 드물지만, 5월부터 8월에는 많이 발생한다. 개미와 공생하며 알로 월동한다.

특징 체색은 흑갈색이나 검정색이지만 광택은 없다. 뿔관과 끝편은 검은색이고 3번 더듬이마디의 끝부부터 6번 마디까지 어둡다. 비슷한 종인 아카시아진딧물은 5번 더듬이마디 중앙에서 6번 더듬이마디가 어두워서 구별된다. 소리쟁이류에서 검은색 진딧물 집단이 보이면 이 종일 가능성이 높다.

기주식물 소리쟁이, 참소리쟁이, 수영, 개대황, 대황

1

2

3

4

1. 유시성충과 약충 2014-03-31. 서울 강동구 암사동 선사주거지 소리쟁이
2. 유시약충 2019-03-28. 전남 완도군 고금도 소리쟁이
3. 무시성충과 약충 2019-05-23. 제주 서귀포시 안덕계곡 소리쟁이
4. 유시성충 2019-04-16. 경남 진주시 이반성면 대천리 경남수목원 소리쟁이
5. 2018-11-30. 서울 송파구 방이동 여성축구장 소리쟁이
6. 2015-04-25. 전남 완도군 보길면 부황길 소리쟁이
7. 무시성충의 새끼낳기 2014-03-31. 서울 강동구 암사동 선사주거지 소리쟁이
8. 유시약충 2019-05-16. 경남 함양군 지곡면 정취길 소리쟁이
9. 2014-09-30. 강원 정선군 정선읍 북실리 소리쟁이
10. 알 2014-11-26. 서울 송파구 방이동 송파구여성축구장 소리쟁이

다. 진딧물아과 Aphidinae Latreille, 1802

20. *Aphis spiraecola* 조팝나무진딧물

서식부위 신초, 새잎 뒷면, 꽃대

생태 전 세계의 대부분 지역에서 광식성 불완전생활환을 갖지만 한국과 일본에서는 완전생활환을 갖는다. 일차기주는 조팝나무류, 감귤, 사과, 복숭아 등의 목본류이고 이차기주는 다양한 초본류이다. 감귤류에서는 기주전환없이 연중 발생하는 계통도 있다. 4월 중순에 출현하기 시작하여 발생 밀도가 커지고 흡즙 피해가 심하면 잎이 뒤로 말리는 현상이 발생한다. 전 세계적으로 사과, 배, 감귤 등의 중요한 해충으로 각종 바이러스를 매개한다. 종종 개미와 공생한다.

특징 체색은 녹색에서 황녹색이다. 뿔관과 끝편은 검은색이고 머리는 붉은빛이 약간 돈다.

기주식물 조팝나무류, 감, 감귤, 거베라, 국화, 목화, 배, 복숭아, 사과, 오갈피나무, 개미취, 백당나무 등

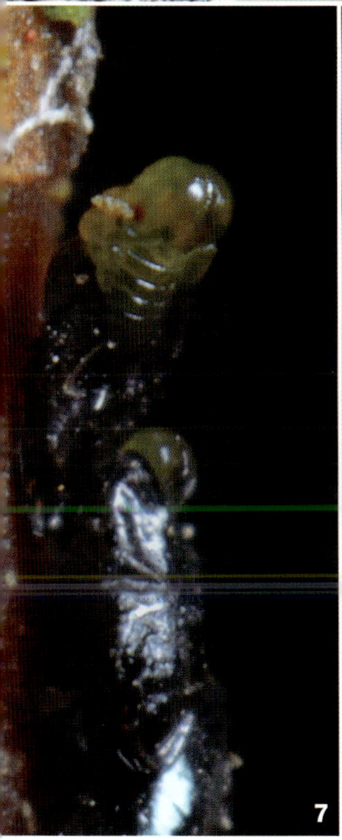

1. 무시성충 2019-05-03. 충북 음성군 감곡면 왕장리 조팝나무
2. 유시성충과 약충 2015-10-27. 서울 강남구 대치동 조팝나무
3. 무시성충과 약충 2017-05-15. 경기 구리시 교문동 조팝나무
4. 유시성충 2018-11-26. 서울 광진구 광장동 아차산 조팝나무
5. 봉오리 틈새의 알 2017-03-13. 경기 구리시 경춘로 조팝나무
6. 새싹 안의 간모 2016-03-29. 서울 서초구 원터길 청계산 조팝나무
7. 알에서 깨어 나오는 간모 2014-03-25. 서울 강남구 일원동 대모산 조팝나무
8. 2014-04-30. 전남 완도군 완도읍 청해진서로 조팝나무
9. 2018-05-01. 경기 하남시 검단남로 검단산 조팝나무

10

11

12

13

14

10. 2019-04-30. 서울 성동구 뚝섬로 서울숲 사과나무
11. 2015-09-17. 강원 속초시 미시령로 명자나무
12. 2015-09-17. 강원 속초시 미시령로 명자나무
13. 2015-09-17. 강원 속초시 미시령로 명자나무
14. 2018-05-01. 경기 하남시 검단남로 검단산 명자나무

15. 유시약충 2019-05-08. 서울 동대문구 회기로 홍릉수목원 조팝나무
16. 짝짓기 2014-11-29. 경남 거제시 연초면 연사리 조팝나무
17. 2018-04-25. 경기 양평군 강하면 왕창부로길 조팝나무
18. 무시성충의 새끼낳기 2019-05-02. 경기 이천시 율면 총곡리 명자나무
19. 산란형 암컷과 알 2014-11-18. 강원 정선군 애산리 조팝나무

다. 진딧물아과 Aphidinae Latreille, 1802

21. *Aphis taraxacicola* 민들레진딧물

발생시기 4-10월

서식부위 뿌리, 꽃대

생태 단식성 완전생활환을 갖는 것으로 추정되며 민들레류에서 연중 발생한다. 개미와 공생하며 개미가 만든 흙더미 안에서 증식한다. 일본에서는 알로 월동하는 계통과 태생암컷으로 월동하는 계통이 보고되었고, 한국에서도 최근에 월동 알이 관찰되었다.

특징 체색은 진녹색에서 검은색으로 변이가 크다. 약충은 연두색, 밝은 녹색 또는 녹색을 띤다. 흙이 줄기와 뿌리부분을 덮고 있는 민들레를 뽑으면 개미와 함께 있는 이 종을 쉽게 발견할 수 있다. 비슷한 종인 목화진딧물은 끝편의 길이가 폭보다 짧지만, 이 종은 끝편이 긴 손가락 모양이어서 구별된다.

기주식물 민들레류

1. 무시성충 2019-05-01. 충북 음성군 감곡면 오향리 민들레
2. 무시성충 2014-03-21. 서울 서초구 매헌로 양재시민의숲 민들레
3. 유시성충 2019-05-17. 경남 함양군 함양읍 기동길 민들레
4. 2019-05-28. 경기 양평군 양서면 양수로 세미원 민들레
5. 2015-06-22. 인천 옹진군 백령면 백령로 민들레
6. 2018-05-03. 경기 여주시 흥천면 상백리 민들레
7. 2018-04-30. 서울 광진구 광장동 아차산생태공원 민들레
8. 2014-04-30. 전남 완도군 완도읍 청해진서로 민들레
9. 줄기에 산란된 알 2019-10-29. 서울 송파구 잠실동 아시아공원 민들레

다. 진딧물아과 Aphidinae Latreille, 1802

22. *Aphis oenotherae* 달맞이꽃진딧물

발생시기 2-10월

서식부위 잎 뒷면, 줄기, 지제부

생태 단식성 불완전생활환을 갖는다. 전국의 달맞이꽃류에서 흔하게 보는 종이다. 기주식물의 윗부분에 발생하고 잎을 심하게 만다. 피해가 심하면 식물이 말라 죽는다. 제주도 지역에서는 2월에 달맞이꽃의 지제부 새순에서 발견되어 태생암컷으로 월동할 것으로 추정된다. 개미와 공생한다.

특징 체색은 연녹색에서 연황록색이고 뿔관은 밝은색이다. 달맞이꽃에서 연녹색의 진딧물 집단을 발견하면 이 종일 가능성이 높다.

기주식물 달맞이꽃류

1

2

3

4

5

6

1. 무시성충 2019-06-03. 충남 대전광역시 서구 한밭수목 달맞이꽃
2. 2014-04-30. 전남 완도군 완도읍 청해진서로 달맞이꽃
3. 유시성충 2019-05-02. 경기 이천시 율면 총곡리 달맞이꽃
4. 2014-06-20. 전남 노화읍 보길도 달맞이꽃
5. 2014-05-16. 제주 용강동 한라생태숲 달맞이꽃
6. 2013-07-11. 경기 군포시 산본동 수리산 달맞이꽃

다. 진딧물아과 Aphidinae Latreille, 1802

23. *Aphis ichigocola* 딸기오마디진딧물

발생시기 5-6월

서식부위 신초, 잎 뒷면

생태 기주전환 여부와 월동방법은 불분명하다. 산딸기속 식물에 기주특이성을 갖는다. 밀도가 높아지면 잎이 말린다. 딸기진딧물과는 달리 집단 초기부터 잎 뒷면에 서식하는 경우가 많다.

특징 체색은 황색에서 황록색이다. 더듬이는 5마디이다. 뿔관은 암갈색부터 검은색까지 변이가 있고 끝에 테두리가 있다. 끝편은 밝은색이다.

기주식물 복분자딸기, 산딸기, 멍석딸기, 수리딸기

1. 무시성충 2014-05-01. 전남 완도군 완도읍 화흥리 산딸기
2. 2016-07-18. 전남 완도군 청산면 여서도 산딸기
3. 2015-05-22. 인천 강화군 송해면 오류내길 산딸기
4. 2015-05-06. 부산 해운대구 운봉길 산딸기
5. 어리벌레혹 2014-05-01. 전남 완도군 완도읍 화흥리 산딸기
6. 유시약충 2014-05-01. 전남 완도군 완도읍 화흥리 산딸기

다. 진딧물아과 Aphidinae Latreille, 1802

24. *Aphis aurantii* 탱자소리진딧물

발생시기 4-10월

서식부위 신초, 잎 뒷면

생태 단식성 불완전생활환을 갖는다. 여름에 차나무류와 감귤류에 많다. 유성세대 없이 단위생식으로 연중 발생한다. 소리진딧물(*Toxoptera*)류는 뒷다리의 털이 변해 만들어진 돌기와 뿔관 바로 아래쪽 복부에 있는 빨래판 모양의 마찰판을 이용하여 소리를 내는 특성이 있다. 큰 집단은 자극이 있으면 긁는 소리를 낸다. 경제적으로 중요한 식물에서 바이러스를 매개하는 문제 해충이다. 발생 밀도가 높아지면 잎이 약간 말린다.

특징 체색은 갈색에서 검은색까지 다양하다. 더듬이는 몸길이보다 약간 길고 다른 소리진딧물속 종들과는 다르게 더듬이에 갈색과 연한색이 번갈아 나타난다. 뿔관은 끝편보다 길고 검은색이다. 유시형은 암갈색에서 검은색이다. 앞날개의 날개무늬는 검정색이고 중맥은 1회 분지한다.

기주식물 감귤, 무화과, 차나무, 동백나무, 사스레피나무, 풀명자, 호자나무

1. 무시성충 2014-06-11. 경남 거제시 일운면 구조라리 동백나무
2. 무시성충과 약충 2015-05-04. 부산 금정구 범어사로 동백나무
3. 유시약충과 유시성충 2014-05-02. 전남 완도군 신지면 신지도 동백나무
4. 2014-06-11. 경남 거제시 일운면 구조라리 동백나무
5. 2015-10-06. 전남 진도군 조도면 서거차도 동백나무
6. 2015-06-17. 제주 서귀포시 안덕계곡 동백나무
7. 어리벌레혹 2014-06-11. 경남 거제시 일운면 구조라리 동백나무
8. 2014-06-20. 전남 노화읍 보길도 동백나무

다. 진딧물아과 Aphidinae Latreille, 1802

25. *Aphis citricida* 귤소리진딧물

발생시기 4-10월

서식부위 잎 뒷면

생태 단식성 불완전생활환을 갖는다. 감귤류에서 많이 발생한다. 보통 유성세대 없이 단위생식으로 연중 발생한다. 일본에서는 감귤에서 유성세대가 보고되었다. 소리진딧물(*Toxoptera*)류는 뒷다리의 털이 변해 만들어진 돌기와 뿔관 바로 아래쪽 복부에 있는 빨래판 모양의 마찰판을 이용하여 소리를 내는 특성이 있다. 큰 집단은 자극에 반응하여 긁는 소리를 낸다. 감귤류의 해충이지만 귤소리진딧물, 붉나무소리진딧물에 비해 발생량과 피해는 덜하다.

특징 체색은 광택이 나는 검은색이지만 간혹 얇은 흰 밀납이 있다. 뿔관은 끝편보다 길다. 더듬이는 몸길이보다 짧다. 탱자소리진딧물과는 다르게 3-4번 더듬이마디가 연한 노란색이다. 유시형도 광택이 나는 검은색이다. 앞날개에는 회색의 날개무늬가 있고 중맥은 2번 분지되었다.

기주식물 감귤, 뽕나무, 구지뽕나무, 머귀나무, 산초나무, 탱자나무, 호자나무

1

2

3

1. 무시성충 2019-08-14. 경기 구리시 교문동 구찌뽕나무
2. 유시성충 2019-08-14. 경기 구리시 교문동 구찌뽕나무
3. 2015-08-06. 충남 예산군 예산읍 수철리 구찌뽕나무
4. 2015-08-06. 충남 예산군 예산읍 수철리 구찌뽕나무
5. 머미 탈출각 2015-12-09. 경남 사천시 사천읍 두량리 산초나무
6. 산초나무 줄기에 산란한 알 2014-10-27. 경기 성남시 수정구 금토동 들꽃농원 산초나무
7. 2018-04-19. 경기 성남시 수정구 금토로 금토식물원 산초나무
8. 2015-08-13. 충남 청양군 비봉면 용천신원로 산초나무
9. 2019-06-25. 충북 음성군 원남면 대봉수목원 구찌뽕나무
10. 2013-09-05. 경기 성남시 수정구 금토동 청계산 산초나무
11. 산초나무 줄기에 산란한 알 2014-03-11. 경기 성남시 수정구 금토동 청계산 산초나무

다. 진딧물아과 Aphidinae Latreille, 1802

26. *Brevicoryne brassicae* 양배추가루진딧물

발생시기 6-7월

서식부위 줄기, 잎 뒷면, 꽃자루

생태 추운 지역에서는 단식성 완전생활환, 겨울이 따뜻한 곳에서는 불완전생활환을 갖는다. 유채류에서 연중 발생한다. 추운 곳에서는 알로 월동하지만, 따뜻한 지역에서는 태생암컷으로 월동한다. 기주식물에 있는 mustard oil glycosides가 이 종의 섭식행동을 자극한다. 전 세계적으로 십자화과 작물의 큰 해충이다.

특징 체색은 어두운 황녹색에서 짙은 녹색이고 흰 밀납이 많다. 실제로는 밀납때문에 회백색으로 보이는 경우가 많다. 더듬이의 끝부위와 다리는 어둡다. 뿔관은 매우 짧고 두꺼우며 끝편보다 짧다. 유사한 무테두리진딧물은 밀납이 옅고 복부 등쪽에 반점이 열을 지어 있다.

기주식물 십자화과류

1 2 3

1. 2014-10-14. 경북 울진군 울진읍 울진중앙로 양배추
2. 유시성충 2019-07-04. 서울 강동구 고덕동 고덕산 케일
3. 무시성충 2014-10-01. 강원 정선군 정선읍 애산리 양배추
4. 2014-10-16. 경북 울진군 울진읍 연지리 브로컬리
5. 2014-11-19. 강원 정선군 북실리 양배추
6. 유시성충 2015-04-27. 전남 완도군 노화읍 노화서로 양배추
7. 무시성충 2014-10-14. 경북 울진군 울진읍 울진중앙로 양배추
8. 2015-05-26. 전남 여수시 삼산면 의성길 초도 무

다. 진딧물아과 Aphidinae Latreille, 1802

27. *Capitophorus elaeagni* 여뀌못털진딧물

발생시기 3-10월

서식부위 잎 뒷면과 잎자루

생태 광식성 완전생활환을 갖는다. 일차기주인 보리수나무에서 5월 중순 경에 이차기주인 마디풀과의 여뀌류로 이주한다. 이차기주에서는 식물체 아래쪽의 잎 뒷면에 주로 서식한다. 알로 월동한다.

특징 체색은 담황색에서 황색, 연녹색으로 변이가 있다. 뿔관은 긴 원통형으로 밝지만 끝부분은 어둡다. 복부와 가슴의 등쪽 중앙에 한 쌍의 녹색 세로줄무늬가 있다. 등쪽에 못대가리 모양의 털이 있다. 유사한 자바못털진딧물은 뿔관 끝이 살짝 부풀어 있어 구별된다.

기주식물 보리수나무류, 여뀌류

5

6

7

8

1. 무시성충 2019-06-20. 경북 봉화군 물야면 문수로 여뀌
2. 유시약충 2014-04-14. 경기 성남시 수정구 복정동 보리수나무
3. 유시성충 유시약충 약충 2013-05-21. 서울 강남구 일원동 대모산 보리수나무
4. 유시성충 2019-04-26. 경남 양산시 원동면 보리수나무
5. 간모 2014-02-24. 서울 성동구 성수동 서울숲 보리수나무
6. 간모 2014-03-21. 서울 서초구 매헌로 양재시민의숲 보리수나무
7. 2013-05-21. 서울 강남구 일원동 대모산 보리수나무
8. 알에서 깨어난 간모 2014-02-24. 서울 성동구 성수동 서울숲 보리수나무

9. 2019-06-20. 경북 봉화군 물야면 문수로 여뀌
10. 2019-06-20. 경북 봉화군 물야면 문수로 여뀌
11. 2013-11-10. 경기 군포시 산본동 수리산 보리수나무
12. 2013-11-10. 경기 군포시 산본동 수리산 보리수나무
13. 산란형 암컷과 수컷이 뭉쳐있는 모습 2013-11-10. 경기 군포시 산본동 수리산 보리수나무

14. 2013-11-10. 경기 군포시 산본동 수리산 보리수나무
15. 산란형 암컷과 수컷이 뭉쳐있는 모습 2013-11-10. 경기 군포시 산본동 수리산 보리수나무
16. 짝짓기 2013-11-15. 강원 영월군 영월읍 영흥리 보리수나무
17. 2015-11-27. 충북 진천군 진천읍 행정리 보리수나무
18. 산란형 암컷과 알 2015-10-29. 충북 제천시 산곡동 보리수나무

다. 진딧물아과 Aphidinae Latreille, 1802

28. *Cavariella araliae* 두릅쌍꼬리진딧물

발생시기 5-8월

서식부위 어린 줄기, 신초, 새잎의 뒷면

생태 광식성 완전생활환을 갖는다. 이차기주인 두릅나무에서 일차기주인 버드나무류로 돌아가 알로 월동하는 것으로 추정된다.

특징 체색은 담황색이다. 더듬이는 연한 색이지만 끝마디가 약간 어둡다. 복부 8번 마디 등쪽에 긴 손가락모양의 돌기가 있다. 이 특징 때문에 쌍꼬리라는 속 이름이 유래되었다. 옆에서 보면 끝편 쪽에 2개의 꼬리 모양 돌기가 있는 것처럼 보인다.

기주식물 두릅나무, 닥나무, 버드나무류

4

5

6

7

1. 무시성충 2019-05-29. 서울 광진구 뚝섬로 두릅나무
2. 유시성충 2019-05-29. 서울 광진구 뚝섬로 두릅나무
3. 2019-06-10. 서울 강남구 일원로 대모산 두릅나무
4. 유시성충 2019-07-04. 서울 강동구 고덕동 고덕산 두릅나무
5. 2019-06-28. 충북 충주시 신니면 수월2길 두릅나무
6. 2019-06-10. 서울 강남구 일원로 대모산 두릅나무
7. 2019-05-29. 서울 광진구 뚝섬로 두릅나무

다. 진딧물아과 Aphidinae Latreille, 1802

29. *Cavariella salicicola* 버들쌍꼬리진딧물

발생시기 5–8월

서식부위 신초

생태 광식성 완전생활환을 갖는다. 일차기주인 버드나무류와 이차기주인 산형과, 미나리과 식물들에서 기주전환 한다. 개미와 공생한다.

특징 체색은 황록색에서 녹색으로 청색이 도는 얇은 흰 밀납이 있다. 앞가슴부터 복부 등쪽에 2개의 세로줄무늬가 있다. 뿔관은 끝부분이 흑갈색이고 끝편보다 약 2배 길다. 끝편의 말단부는 검다.

기주식물 버드나무류, 천궁, 미나리, 개발나물, 파리풀, 미나리아재비

4

5

6

7

1. 무시성충 2015-05-06. 부산 해운대구 운봉길 버드나무
2. 무시성충 2015-07-09. 충북 청주시 서원구 남이면 대련길 버드나무
3. 2015-07-10. 충북 청주시 서원구 수곡로 버드나무
4. 2015-07-10. 충북 청주시 서원구 수곡로 버드나무
5. 2015-07-09. 충북 청주시 서원구 남이면 대련길 버드나무
6. 2015-07-10. 충북 청주시 서원구 수곡로 버드나무
7. 무시성충 2015-07-09. 충북 청주시 서원구 남이면 대련길 버드나무

다. 진딧물아과 Aphidinae Latreille, 1802

30. *Codonopsimyzus sasammi* 사삼수염진딧물

발생시기 5-6월

서식부위 잎, 줄기

생태 생활사 및 기주전환 여부는 불분명하다.

특징 체색은 우유빛이고, 각 더듬이마디의 끝부위와 발목마디는 어둡다. 유시형은 체색이 연노랑이고, 뿔관이 검은색이다. 복부 3-5번 마디 등쪽에 큰 검은색 반점이 있다.

기주식물 더덕

1

2

3

4

5

6

1. 무시성충 2013-10-17. 서울 서초구 양재시민의숲 더덕
2. 2019-06-26. 충북 음성군 소이면 국립약용식물원 더덕
3. 유시성충 2013-10-17. 서울 서초구 양재시민의숲 더덕
4. 2019-10-01. 경기 남양주시 삼패동 더덕
5. 2019-10-01. 경기 남양주시 삼패동 더덕
6. 2018-06-14. 경기 양평군 양서면 더덕

다. 진딧물아과 Aphidinae Latreille, 1802

31. *Cryptosiphum artemisiae* 쑥민들진딧물

발생시기 5-12월

서식부위 상위 잎의 잎 뒷면

생태 광식성 완전생활환을 갖는다. 연중 쑥류에서 발생한다. 10월에 유성세대가 출현하고 알로 월동한다. 난생암컷은 뒷다리의 종아리마디가 부풀어 쉽게 구별된다.

특징 체색은 진자주색에 흰 밀납이 있다. 잎 가장자리의 말린 부분에서 보이기도 한다. 잎 가장자리가 말리는 현상은 이 종에서만 나타나는 특징이다.

기주식물 쑥류, 오이풀

1. 무시성충 2019-06-17. 경북 영주시 산림약용자원연구소 쑥
2. 2019-03-26. 전남 완도군 군외면 대문리 쑥
3. 어리벌레혹 2015-10-30. 경기 가평군 청평면 상천리 쑥
4. 유시성충 2019-06-17. 경북 영주시 산림약용자원연구소 쑥
5. 2015-04-26. 전남 완도군 노화읍 신양리 쑥
6. 2014-12-17. 전남 완도군 완도읍 노두목길 쑥
7. 어리벌레혹 2014-10-24. 경기 남양주시 화도읍 천마산 쑥
8. 새끼낳기 2019-07-04. 서울 강동구 고덕동 고덕산 쑥
9. 2018-11-09. 경기 가평군 청평면 상천역로 쑥
10. 혹안 줄기에 산란한 알 2015-10-30. 경기 가평군 청평면 상천리 쑥

다. 진딧물아과 Aphidinae Latreille, 1802

32. *Eumyzus impatiensae* 봉선화혹진딧물

발생시기 6-11월

서식부위 잎

생태 단식성 완전생활환을 갖는다. 꽃 아래쪽의 잎을 말아서 만든 주머니모양의 벌레혹에서 생활한다. 벌레혹은 잎 가장자리의 한쪽이 약간 쭈그러져 뒷면에서 접혀서 형성되거나, 잎의 양쪽에서 중심으로 따라오면서 접혀서 주머니 모양의 공간이 만들어진다. 작은 잎은 전체가 주머니 모양이 되지만, 큰 잎은 절반 정도가 주머니 모양으로 된다. 벌레혹은 처음에는 잎과 같은 색이지만 차차 붉은색으로 변한다. 유시형이 밖으로 나오는 8월 초가 되면 접힌 부분이 조금씩 열리기 때문에 집게벌레 등의 천적이 침입하여 포식하기도 한다. 알로 월동한다.

특징 체색은 황적색에서 홍적색으로 광택이 있다. 뿔관은 짧고 검다.

기주식물 물봉선

1. 무시성충 2013-09-24. 경기 양평군 양서면 물봉선
2. 유시성충 2013-09-24. 경기 양평군 양서면 물봉선
3. 2013-09-27. 충북 단양군 고수리 물봉선
4. 유시약충 2013-09-24. 경기 양평군 양서면 물봉선
5. 2015-09-16. 강원 고성군 간성읍 금수리 물봉선
6. 벌레혹 2015-09-18. 강원 속초시 영랑호반길 물봉선

다. 진딧물아과 Aphidinae Latreille, 1802

33. *Hyalopterus pruni* 복숭아가루진딧물

발생시기 5-11월

서식부위 잎 뒷면

생태 광식성 완전생활환을 갖는다. 이차기주인 갈대류에서 일차기주인 복숭아, 매화, 살구, 자두 등으로 기주전환 한다. 간혹 여름에도 일차기주인 복숭아에서 계속 서식 한다. 이차기주에 정착할 때 성충은 식물에 잎 표면에 밀납을 둥근 모양으로 바르고, 이 안에 새끼를 낳아 집단을 형성하는 특징이 있다.

특징 체색은 황록색에서 녹색으로 엷은 흰 밀납이 있다. 등 중앙에는 밀납이 적어 세로줄이 보인다. 잎을 말지는 않는다.

기주식물 복숭아나무, 자두, 매화, 살구, 귀룽나무, 억새, 갈대

1. 무시성충 2019-05-03. 충북 음성군 감곡면 왕장리 복숭아나무
2. 유시약충과 유시약충 2019-06-17. 경북 영주시 산림약용자원연구소 복숭아나무
3. 2019-06-17. 경북 영주시 산림약용자원연구소 복숭아나무
4. 유시성충과 약충 2016-11-09. 경기 양평군 신원리 복숭아나무
5. 벌레혹 2015-05-13. 경남 거제시 연초면 연사리 복숭아나무
6. 2015-05-13. 경남 거제시 연초면 연사리 복숭아나무
7. 2019-05-14. 전남 고흥군 금산면 대흥리 달뿌리풀
8. 잎 표면에 밀납을 둥근 모양으로 바르고 새끼를 낳은 집단 모습 2019-05-28. 경기 양평군 양서면 양수로 세미원 달뿌리풀
9. 2014-10-30. 서울 용산구 서빙고로 용산가족공원 달뿌리풀
10. 2019-06-17. 경북 영주시 산림약용자원연구소 복숭아나무
11. 2019-05-28. 경기 양평군 양서면 양수로 세미원 달뿌리풀
12. 수컷 2015-10-20. 경북 청송군 부동면 공원길 주왕산 벚나무

34. *Impatientinum impatiens* 봉선화수염진딧물

발생시기 7-11월

서식부위 꽃자루

생태 광식성 완전생활환을 갖는다. 가을에 이차기주인 물봉선에서 일차기주인 청미래덩굴로 기주전환 한다. 알로 월동한다. 일차기주인 청미래덩굴 세대보다는 이차기주인 물봉선 세대에서 큰 개체가 많다.

특징 체색은 주황색이나 황록색이다. 등에는 검은색 판이 있다. 약충은 황록색, 오렌지색, 주홍색 등을 띤다. 뿔관 주위에는 황록색 반점이 있다. 약충은 검은 판이 없다.

기주식물 물봉선, 청미래덩굴

1. 2015-04-26. 전남 완도군 노화읍 신양리 청미래덩굴
2. 2015-04-26. 전남 완도군 노화읍 신양리 청미래덩굴
3. 2016-06-01. 강원 삼척시 미로면 고천리 청미래덩굴
4. 유시성충 2014-11-20. 강원 원주시 판부면 용수골길 청미래덩굴
5. 새끼낳기 2015-04-26. 전남 완도군 노화읍 신양리 정미래덩굴
6. 2015-05-28. 전남 여수시 삼산면 덕촌리 거문도 사포나리아
7. 2017-09-27. 경기 구리시 교문동 물봉선
8. 2014-04-14. 경기 성남시 수정구 복정동 청가시덩굴
9. 무시성충 2019-05-20. 제주 서귀포시 돈내코로 청미래덩굴

다. 진딧물아과 Aphidinae Latreille, 1802

35. *Indomegoura indica* 인도볼록진딧물

발생시기 6-8월

서식부위 꽃자루, 줄기

생태 광식성 완전생활환을 갖는다. 가을에 이차기주인 백합류에서 일차기주인 고추나무나 말오줌때로 기주전환 한다. 유성세대는 늦가을에 출현하고 알로 월동한다.

특징 체색은 주황색이고 흰 밀납이 많다. 몸이 아주 크다. 뿔관은 검은색이고 말단부가 잘록하다. 유시형은 밀납이 거의 없다.

기주식물 원추리, 고추나무

1

2

3

1. 무시성충 2015-07-03. 대구 달서구 도원남길 홑왕원추리
2. 유시성충 2015-07-03. 대구 달서구 도원남길 홑왕원추리
3. 2019-06-19. 경북 봉화군 춘양면 국립백두대간수목원 원추리
4. 2014-07-21. 경기 양평군 용문면 용문사 원추리
5. 산란형 암컷과 알2019-11-07. 경기 포천시 내촌면 음현리 주금산
6. 2013-06-12. 경기 성남시 상적동 신구대학식물원 원추리
7. 2019-05-09. 경기 포천시 소흘읍 국립수목원 고추나무
8. 산란형 암컷과 알 2019-11-07. 경기 포천시 내촌면 음현리 주금산

다. 진딧물아과 Aphidinae Latreille, 1802

36. *Lipaphis pseudobrassicae* 무테두리진딧물

발생시기 5-10월

서식부위 잎 뒷면

생태 광식성 완전생활환을 갖는다. 유채류에서 연중 발생하며, 4월 중순에서 5월 하순에는 봄냉이, 7월 하순에는 논두렁의 개갓냉이 등으로 이주한다. 가을에 무, 순무, 배추 등에서 무시형 수컷과 산란형 암컷 및 월동 알이 발견된다. 전 세계적으로 십자화과 작물의 큰 해충이다.

특징 체색은 녹색을 띤 주황색으로 등쪽에 열을 지어 반점이 있다.

기주식물 배추, 무, 유채, 냉이류, 순무

1

2

3

4

1. 무시성충 2019-05-15. 전남 고흥군 과역면 백일리 갓
2. 2015-11-24. 충북 음성군 음성읍 용산리 갓
3. 무시성충과 약충 2019-05-15. 전남 고흥군 과역면 백일리 갓
4. 유시성충 2019-05-15. 전남 고흥군 과역면 백일리 갓
5. 2013-12-01. 서울 강동구 고덕동 고덕산 무
6. 2016-10-13. 경기 남양주시 조안면 배추
7. 2016-10-13. 경기 남양주시 조안면 배추
8. 알 2013-12-01. 서울 강동구 고덕동 고덕산 무

다. 진딧물아과 Aphidinae Latreille, 1802

37. *Macromyzus woodwardiae* 고비수염진딧물

발생시기 5-8월

서식부위 잎 뒷면의 중맥

생태 광식성 불완전생활환과 광식성 완전생활환를 갖는 2계통이 있다. 완전생활환 계통은 일차기주인 수국류와 이차기주인 고사리류에서 기주전환 한다. 유성세대는 11월부터 나타나고 알로 월동한다. 불완전생활환 계통은 이차기주인 고사리에서 연중 발생하며 태생암컷으로 월동한다. 개미와 공생한다.

특징 체색은 황갈색이나 적갈색이고 뿔관과 끝편은 검은색이다. 복부 등쪽에 검은색의 작은 피부딱지가 있다. 다리는 담황색이지만 넓적다리마디 끝부는 검다.

기주식물 고사리류, 수국류

1

2

3

1. 무시성충 2014-05-28. 경북 울릉도 나리분지 쇠고비
2. 유시성충 2014-06-22. 전남 노화읍 당산리 노화도 쇠고비
3. 2014-05-28. 경북 울릉도 나리분지 쇠고비
4. 2014-05-28. 경북 울릉도 나리분지 쇠고비
5. 2015-04-21. 전남 완도군 소안면 소안도 쇠고비
6. 2015-04-21. 전남 완도군 소안면 소안도 쇠고비

다. 진딧물아과 Aphidinae Latreille, 1802

38. *Macrosiphoniella hokkaidensis* 북해도꼬마수염진딧물

발생시기 5-10월

서식부위 줄기

생태 단식성 완전생활환을 갖는다.

특징 체색은 황록색이다. 밀납이 있다. 머리는 적갈색이고 더듬이, 뿔관, 끝편은 검다. 다리는 검지만 넓적다리마디의 기부는 밝다.

기주식물 쑥속류

1

2

3

4

5

1. 무시성충 2013-08-09. 경북 상주시 은척면 성주봉자연휴양림 쑥
2. 무시성충 2015-09-03. 강원도 정선군 고한읍 고한3길 쑥
3. 무시성충 2015-09-02. 강원도 정선군 남면 민둥산로 쑥
4. 2013-08-09. 경북 상주시 은척면 성주봉자연휴양림 쑥
5. 2014-08-06. 강원 화천군 사내면 명월리 쑥

다. 진딧물아과 Aphidinae Latreille, 1802

39. *Macrosiphoniella sanborni* 국화꼬마수염진딧물

발생시기 4-12월

서식부위 잎 뒷면, 줄기 끝

생태 생활사는 불분명하지만 단식성 완전생활환을 갖는 것으로 추정된다. 전 세계적으로 국화류의 중요 해충이다. 재배 국화에서 연중 발생하며 추운 곳에서는 가을에 출현한 유성형이 교미 후 산란한 알로 월동하지만, 따뜻한 곳에서는 태생암컷으로 월동한다. 개미와 공생하지 않는다.

특징 체색은 적갈색에서 암갈색으로 광택이 있다. 더듬이, 뿔관, 끝편은 검다. 끝편이 뿔관보다 길다.

기주식물 국화류

1

2

3

1. 무시성충 2014-09-26. 충북 제천시 산곡동 산국
2. 유시성충 2014-04-14. 경기 성남시 수정구 복정동 산국
3. 무시성충 2015-11-17. 경남 거창군 거창읍 웅곡1길 산국
4. 2019-03-28. 전남 완도군 고금도 산국
5. 2019-05-10. 경기 포천시 소흘읍 직동길 산국
6. 2015-09-22. 제주 서귀포시 안덕면 화순리 산국
7. 2015-10-20. 경북 청송군 부동면 공원길 주왕산 산국
8. 수컷 2016-11-04. 경기 양평군 강하면 왕창부로길 산국

다. 진딧물아과 Aphidinae Latreille, 1802

40. *Macrosiphoniella yomogifoliae* 쑥잎꼬마수염진딧물

발생시기 4-11월

서식부위 줄기 상단

생태 단식성 완전생활환을 갖는 것으로 추정된다. 쑥류에서 연중 생활한다. 알로 월동한다. 개미와 공생하지 않는다.

특징 체색은 황록색에서 녹색이고 몸 전체에 회색 밀납이 많다. 더듬이, 다리, 뿔관, 끝편은 검다. 복부 등쪽에 가로줄 무늬가 있지만 프레파라트 표본에서는 뚜렷하지 않다. 유사종인 쑥꼬마수염진딧물은 체색이 녹색, 붉은색인 2계통이 있는데 개미와 공생해서 쉽게 구별된다.

기주식물 쑥속류, 국화속류, 쑥국화속류

1. 무시성충 2015-08-28. 경기 연천군 신서면 고대산길 쑥
2. 2015-10-21. 경북 영양군 영양읍 황용길 쑥
3. 무시성충 2019-09-11. 서울 성동구 응봉동 응봉산 쑥
4. 2013-08-16. 서울 성동구 성수동 서울숲 쑥
5. 무시성충 2019-08-30. 경기 남양주시 경강로 쑥
6. 2019-10-11. 서울 중랑구 면목동 용마산 쑥

다. 진딧물아과 Aphidinae Latreille, 1802

41. *Macrosiphoniella kuwayamai* 뾰족꼬마수염진딧물

발생시기 5-11월

서식부위 줄기 하단부, 오래된 잎

생태 단식성 완전생활환을 갖는다. 가을에 출현하는 수컷은 무시형이고, 알로 월동한다.

특징 체색은 흑녹색이고, 회색 밀납의 가로줄무늬가 있다. 머리는 붉은색이고 더듬이, 다리, 뿔관, 끝편은 검다. 눈은 붉은색이다. 뿔관의 말단부에 그물무늬가 있다. 끝편은 뾰족한 삼각형 모양이다.

기주식물 쑥류

1. 무시성충 2014-09-22. 경기 동두천시 동두천동 쑥
2. 2014-09-22. 경기 동두천시 동두천동 쑥
3. 무시성충 2019-08-01. 강원 인제군 서화면 천도리 쑥
4. 유시성충 2019-06-28. 충북 충주시 신니면 수월2길 쑥
5. 2014-06-12. 경남 거제시 동부면 구천1길 쑥
6. 2013-09-10. 경기 의왕시 청계동 청계사 쑥
7. 2015-09-10. 경북 울산 울주군 상북면 신불산 쑥
8. 2014-09-22. 경기 동두천시 동두천동 쑥
9. 짝짓기 2016-11-04. 경기 양평군 강하면 왕창부로길 쑥

다. 진딧물아과 Aphidinae Latreille, 1802

42. *Macrosiphoniella yomogicola* 쑥꼬마수염진딧물

발생시기 5-11월

서식부위 줄기의 마디 사이, 땅속의 개미집

생태 연중 쑥류에서 생활한다. 전체 생활환과 월동법은 불분명하다. 개미와 공생한다.

특징 체색은 녹색, 회색에서 오렌지빛 갈색으로 변이가 있지만, 어느 경우든 복부 뒤쪽에 가로띠가 있다. 흰 밀납이 있다. 더듬이, 뿔관, 끝편은 검다. 더듬이는 몸길이보다 길다. 뿔관과 끝편은 길이가 거의 같다. 기주식물 지하부의 개미집에서 관찰되기도 한다. 유사종인 뾰족꼬마수염진딧물은 뿔관이 끝편보다 길어서 구별된다.

기주식물 쑥류

1. 무시성충 2019-07-03. 경기 광주시 퇴촌면 도마치길 쑥
2. 유시약충 2019-05-14. 전남 고흥군 금산면 대흥리 쑥
3. 유시성충 2019-05-29. 서울 광진구 뚝섬로 쑥
4. 2019-07-03. 경기 광주시 퇴촌면 도마치길 쑥
5. 2015-06-04. 전남 순천시 서면 수통목길 쑥
6. 2019-05-14. 전남 고흥군 금산면 대흥리 쑥
7. 2015-05-12. 경남 거제시 상동동 쑥
8. 2015-06-04. 전남 순천시 서면 수통목길 쑥
9. 2015-06-04. 전남 순천시 서면 수통목길 쑥

43. *Macrosiphum mordvilkoi* 해당화수염진딧물

발생시기 6-10월

서식부위 새잎 뒷면

생태 단식성 완전생활환을 갖는다. 해당화에서 연중 생활한다. 10월 경에 유성형이 나타나 월동란을 낳는다. 여름철에는 개체수가 감소한다.

특징 체색은 녹색에서 황록색이고, 머리는 광택이 있는 검은색이다. 약충은 약간의 밀납이 있다. 더듬이는 검은색에 가깝다. 뿔관은 검고, 끝편은 밝다.

기주식물 해당화

1

2

3

1. 무시성충 2013-09-04. 경기 포천시 내촌면 소학리 주금산 해당화
2. 수컷 2013-12-08. 서울 강동구 길동 허브공원 해당화
3. 무시성충 2019-08-05. 강원 춘천시 남면 가정리 해당화
4. 부시성충 2019-08-05. 강원 춘천시 남면 가정리 해당화
5. 2019-07-03. 경기 광주시 퇴촌면 도마치길 해당화
6. 2013-12-08. 서울 강동구 길동 허브공원 해당화
7. 산란형 암컷 2013-12-08. 서울 강동구 길동 허브공원 해당화
8. 알 2013-12-08. 서울 강동구 길동 허브공원 해당화

다. 진딧물아과 Aphidinae Latreille, 1802

44. *Megoura crassicauda* 긴꼬리볼록진딧물

발생시기 3-8월

서식부위 줄기의 말단부, 잎 뒷면

생태 단식성 완전생활환을 갖는다. 콩과 식물에서 연중 생활한다. 따뜻한 곳에서는 태생암컷, 추운 곳에서는 알로 월동한다.

특징 체색은 밝은 녹색이다. 앞가슴, 머리, 뿔관, 끝편은 검은색이다. 복부 뒤쪽에 검은색 가로띠가 있다.

기주식물 콩과류, 줄댕강나무

1. 무시성충 2015-08-31. 강원 정선군 정선읍 애산리 갈퀴나물
2. 무시성충과 유시성충 2019-04-23. 부산 금정구 노포동 갈퀴나물
3. 수컷 2015-10-21. 경북 영양군 영양읍 황용길 갈퀴나물
4. 2019-04-23. 부산 금정구 노포동 갈퀴나물
5. 2019-03-26. 전남 완도군 군외면 대문리 갈퀴나물
6. 2019-04-17. 경남 사천시 용현면 선진리 갈퀴나물
7. 2019-04-15. 경남 진주시 일반성면 개암리 갈퀴나물
8. 유시성충 2019-06-13. 경기 남양주시 수동면 물맑음수목원 싸리나무

다. 진딧물아과 Aphidinae Latreille, 1802

45. *Megoura lespedezae* 싸리볼록진딧물

발생시기 5-10월

서식부위 가지와 잎 뒷면, 가을의 꽃대

생태 단식성 완전생활환을 갖는다. 싸리나무류에서 연중 발생한다. 유성세대는 10월에 나타난다. 이 종의 알은 다른 진딧물과는 달리 점성이 없어서 산란하면 바로 땅으로 떨어진다. 낙엽 밑이나 지표면 틈 속에서 알로 월동한다.

특징 체색은 연녹색에서 연황녹색으로 얇은 흰 밀납이 있다. 뿔관은 검고 끝편은 밝은색이다. 더듬이는 암갈색이다. 다리는 종아리마디의 끝부를 제외하고는 전부 갈색이다.

기주식물 싸리속류

1. 무시성충과 약충 2013-05-22. 경기 수정구 금토동 싸리나무
2. 2014-04-14. 경기 성남시 수정구 복정동 싸리나무
3. 2013-05-22. 경기 수정구 금토동 싸리나무
4. 무시성충과 약충 2013-06-13. 경기 군포시 산본동 수리산 조록싸리
5. 2018-04-18. 경기 구리시 교문동 싸리나무
6. 2014-11-24. 서울 강남구 학동로 청담배수지공원 싸리나무
7. 2013-06-13. 경기 군포시 산본동 수리산 조록싸리
8. 2018-04-18. 경기 구리시 교문동 싸리나무

다. 진딧물아과 Aphidinae Latreille, 1802

46. *Melanaphis bambusae* 대진딧물

발생시기 6–11월

서식부위 잎의 뒷면

생태 광식성 완전생활환을 갖는다. 늦가을에 이차기주인 대나무류에서 일차기주인 홍가시나무류로 돌아가는 계통과, 대나무류에서 연중 생활하는 2계통이 있다. 홍가시나무류에서는 알, 대나무류에서는 태생암컷으로 월동한다. 개미와 공생한다.

특징 체색은 검은색이나 암갈색으로 흰 밀납이 있다. 다리와 더듬이는 연한 색이다.

기주식물 조릿대류, 홍가시나무류

4

5

6

7

1. 무시성충 2019-04-17. 경남 사천시 용현면 선진리 대나무
2. 2015-06-03. 전남 고흥군 금산면 대흥리 거금도 대나무
3. 유시성충 2013-11-21. 서울 용산구 효창공원 신이대
4. 2015-06-03. 전남 고흥군 금산면 대흥리 거금도 대나무
5. 2015-06-03. 전남 고흥군 금산면 대흥리 거금도 대나무
6. 진디벌에게 기생당한 머미 2015-06-04. 전남 순천시 서면 수통목길 대나무
7. 2019-04-17. 경남 사천시 용현면 선진리 대나무

다. 진딧물아과 Aphidinae Latreille, 1802

47. *Melanaphis sacchari* 사탕수수진딧물 (대만대진딧물)

발생시기 6-10월

서식부위 잎

생태 단식성 불완전생활환을 갖는다. 억새에서 연중 생활하는 것으로 여겨진다. 흔히 큰 집단을 형성한다. 유성세대는 10월 말부터 출현한다. 알로 월동한다. 개미와 공생한다. 외국에서는 사탕수수에서 많이 발생한다. 담흑부전나비는 이 진딧물을 번식에 활용하는데, 부화하여 2령 유충때까지 진딧물이 배설한 감로를 먹고 생장한다. 3령이 되면 개미집 속으로 들어가 거기서 성장하다가, 여름이 되면 우화하여 나비가 되어 나온다.

특징 체색은 기주식물과 환경 조건에 따라 변이가 많은데 연주황, 황갈색, 암갈색, 보라색, 분홍색 등으로 다양하다. 배 등쪽에 다양한 모양의 검은색 무늬가 있다. 뿔관은 검은색이고 끝편은 어둡다.

기주식물 억새류, 수수, 죽순대

5

8

9

6

7

10

1. 무시성충 2019-05-22. 제주 서귀포시 올레길 6코스 억새
2. 2013-09-08. 서울 광진구 광장동 아차산생태공원 억새
3. 2015-10-08. 전남 진도군 조도면 맹성리 상조도 피
4. 유시성충 2019-05-22. 제주 서귀포시 올레길 6코스 억새
5. 2015-08-26. 경기 파주시 파주읍 부곡리 피
6. 남흑부전나비 2006-07-26. 경남 거제시 동부면 구천리
7. 담흑부전나비 애벌레와 한국홍가슴개미 사육 개체 2019-11-19. 경기 포천시 신북면 심곡리 왕방산
8. 2015-09-16. 강원 고성군 간성읍 금수리 피
9. 유시성충 2015-09-16. 강원 고성군 간성읍 금수리 피
10. 2014-06-19. 전남 해남군 삼산면 대흥사 억새

다. 진딧물아과 Aphidinae Latreille, 1802

48. *Myzus varians* 검은마디혹진딧물

발생시기 6-11월

서식부위 잎 뒷면

생태 광식성 완전생활환을 갖는다. 이차기주인 사위질빵류와 일차기주인 복숭아, 자두에서 기주전환한다. 일차기주에서는 잎을 만다. 개미와 공생한다.

특징 체색은 연황녹색이다. 3-5번 더듬이마디의 끝부위, 뿔관 끝의 1/4 정도가 검다. 유시형은 몸 전체가 거의 어둡지만 끝편은 밝다.

기주식물 사위질빵류, 하늘타리류, 복숭아, 자두, 사과

4

5

6

7

1. 무시성충 2019-06-27. 충북 음성군 원남면 큰산자생식물원 복숭아
2. 어리벌레혹 2019-06-27. 충북 음성군 원남면 큰산자생식물원 복숭아
3. 2019-06-27. 충북 음성군 원남면 큰산자생식물원 복숭아
4. 무시성충과 유시약충 2019-06-27. 충북 음성군 원남면 큰산자생식물원 복숭아
5. 어리벌레혹 2019-05-21. 제주 국립산림과학원난대산림연구소 복숭아
6. 2019-06-27. 충북 음성군 원남면 큰산자생식물원 복숭아
7. 2015-08-31. 강원 정선군 정선읍 애산리 복숭아

다. 진딧물아과 Aphidinae Latreille, 1802

49. *Myzus persicae* 복숭아혹진딧물

서식부위 잎 뒷면

생태 추운 곳에서는 광식성 완전생활환, 따뜻한 곳에서는 불완전생활환을 가지며 연중 발생한다. 보통은 단위생식으로 계통을 유지한다. 일차기주인 복숭아 등에서 40여 개의 식물과가 포함된 다양한 이차기주로 기주전환 한다. 일차기주에서는 어린 잎을 말기도 한다. 전 세계적으로 많은 식물에서 바이러스병을 매개하는 중요한 해충이다.

특징 체색은 연한 황색, 녹색, 적색, 갈색 등으로 변이가 크다. 밀납은 없다. 더듬이는 몸길이와 거의 같다. 이마혹이 가깝게 있다. 뿔관은 밝지만 말단부는 어둡고 약간 부풀어 있다. 유시형은 복부 중앙에 검은색의 큰 피부딱지가 있다.

기주식물 복숭아 등 다양한 식물

1

2

3

1. 무시성충 2019-04-08. 경기 하남시 미사동 가지
2. 무시성충의 새끼낳기 2019-04-08. 경기 하남시 미사동 가지
3. 유시성충 2013-06-21. 경기 광주시 남한산성면 회안대로 팬지
4. 2018-06-11. 경기 하남시 미사대로 가지
5. 2013-06-21. 경기 광주시 남한산성면 회안대로 팬지
6. 2019-04-08. 경기 하남시 미사동 가지
7. 2019-10-18. 경기 광주시 퇴촌면 광동로 가지
8. 가지에서 발생한 모습 2019-10-18. 경기 광주시 퇴촌면 광동로 가지
9. 2018-06-11. 경기 하남시 미사대로 가지

다. 진딧물아과 Aphidinae Latreille, 1802

50. *Neotoxoptera formosana* 파혹진딧물

발생시기 연중

서식부위 잎

생태 단식성 불완전생활환을 갖는다. 집단발생하면 부추속(파, 양파, 부추, 마늘 등) 식물의 생육이 나빠지고 고사하기도 한다. 간혹 저장 중인 부추속 식물의 구(bulb)에서도 발생한다.

특징 체색은 암적색에서 검은색으로 광택이 있다. 뿔관은 연한 황갈색이다. 끝편은 밝다. 더듬이는 몸길이보다 약간 길다. 이 종은 부추속 식물이 내는 화합물을 이용하여 기주식물을 찾는다.

기주식물 파속류

1

2

3

4

5

6

1. 무시성충과 약충 2015-05-26. 전남 여수시 삼산면 의성길 초도 마늘
2. 유시성충 2015-11-05. 전남 신안군 팔금면 대심리 팔금도 부추
3. 무시성충과 약충 2014-09-30. 강원 정선군 정선읍 북실리 파
4. 2015-05-26. 전남 여수시 삼산면 의성길 초도 마늘
5. 2015-05-26. 전남 여수시 삼산면 의성길 초도 마늘
6. 2015-05-26. 전남 여수시 삼산면 의성길 초도 마늘

7

8

9

7. 2014-09-30. 강원 정선군 정선읍 북실리 파
8. 2013-11-15. 강원 영월군 영월읍 영흥리 파

9. 2014-03-10. 서울 강남구 일원동 부추

10. 2014-03-10. 서울 강남구 일원동 부추
11. 2015-11-05. 전남 신안군 팔금면 대심리 팔금도 부추
12. 2015-04-24. 전남 완도군 보길면 보길로 부추
13. 2015-11-03. 전남 신안군 도초면 발매리 도초도 부추

다. 진딧물아과 Aphidinae Latreille, 1802

51. *Ovatus malisuctus* 사과혹진딧물

발생시기 4-10월

서식부위 잎 뒷면

생태 단식성 완전생활활을 갖는다. 특히 사과에서 연중 발생한다. 기주전환은 없다. 무시형 성충과 약충이 신초 부위로 이주해 집단을 형성하며 7월 경 유시형을 만들어 분산한다. 알로 월동한다. 어린잎을 뒷쪽에서 세로로 만다. 발생 밀도가 높아지면 말린 잎의 바깥쪽과 신초 끝에서도 보인다.

특징 체색은 황녹색에서 암녹색이다. 넓적다리마디의 끝부분이 검다. 때로는 등판이 검은 경우도 있다. 뿔관은 검지만 주변은 연갈색이고 끝편은 검은색에 가깝다. 국내에는 미 보고된 *O. malicolens*와 비슷하지만, 이 종은 뿔관이 연갈색이고 끝편이 몸과 함께 연녹색을 띠어 사과혹진딧물과 구별된다.

기주식물 사과나무, 야광나무

1

2

3

4

5

1. 무시성충 2015-08-31. 강원 정선군 정선읍 애산리 사과나무
2. 무시성충 2015-08-31. 강원 정선군 정선읍 애산리 사과나무
3. 2015-09-15. 인천 서구 원당동 꽃사과
4. 어리벌레혹 2015-08-31. 강원 정선군 정선읍 애산리 사과나무
5. 2015-09-15. 인천 서구 원당동 꽃사과

다. 진딧물아과 Aphidinae Latreille, 1802

52. *Rhopalosiphum maidis* 옥수수테두리진딧물

발생시기 5-10월

서식부위 잎, 이삭

생태 전 세계적으로 벼과 식물에서 연중 발생하며 태생암컷으로 월동한다. 온대와 열대지역에서 중요한 곡물류 해충이다. 하지만, 국내에서는 광식성 완전생활환으로 벚나무류가 일차기주이고 이차기주가 벼과류이다. 알로 월동한다.

특징 체색은 암황색에서 황녹색이다. 몸은 길쭉한 방추형으로 몸길이가 폭의 2배 이상이다. 더듬이는 몸길이의 1/3 정도이고 끝편과 종아리마디는 갈색을 띤다. 뿔관은 검은색이고 주변부가 어둡다. 비슷한 기장테두리진딧물은 달걀 모양이고 더듬이는 몸길이의 1/2 이상으로 구별된다.

기주식물 벼과 식물류

4

5

6

1. 2014-04-02. 경남 남해군 창선면 지족리 보리
2. 유시성충 2014-05-10. 서울 강동구 암사동 옥수수
3. 무시성충 2013-09-05. 경기 성남시 수정구 금토동 청계산 수수
4. 무시성충 2013-09-05. 경기 성남시 수정구 금토동 청계산 수수
5. 2013-09-05. 경기 성남시 수정구 금토동 청계산 수수
6. 2013-08-09. 경북 상주시 은척면 성주봉자연휴양림 옥수수

7. 2014-08-06. 강원 화천군 사내면 명월리 옥수수
8. 2013-09-27. 충북 단양군 단양읍 고수리 옥수수
9. 2013-09-27. 충북 단양군 단양읍 고수리 옥수수

10. 2015-10-08. 전남 진도군 조도면 맹성리 상조도 수수
11. 2019-04-17. 경남 사천시 용현면 선진리 밀
12. 유시약충 2014-05-01. 전남 완도군 완도읍 화흥리 밀
13. 2015-10-08. 전남 진도군 조도면 맹성리 상조도 수수

53. *Rhopalosiphum nymphaeae* 연테두리진딧물

발생시기 4-10월

서식부위 잎 뒷면, 줄기, 잎자루

생태 광식성 완전생활환을 갖는다. 이 종은 강, 연못 등의 물가에 흔한 진딧물이다. 일차기주인 벚나무속 식물에서 월동하고, 5-6월 경에 이차기주인 연꽃과 수련 등의 수생식물로 이주한다. 봄에는 일차기주의 잎을 말기도 한다. 개미와 공생한다. 10월 경에 다시 일차기주로 이동한다. 물속에서도 살 수 있어 필요한 경우에는 방어를 위해 물속으로 이동하는 특성이 있다. 이 종은 벼를 재배하는 논에서 수생잡초를 생물학적으로 제거하는데 사용되기도 한다. 알로 월동한다.

특징 체색은 황색, 황갈색 또는 적갈색으로 다양하다. 흰 밀납이 머리와 앞가슴에 있다. 뿔관의 기부는 황갈색이고 끝부는 흑갈색이다. 끝편은 진갈색이다. 더듬이는 몸길이의 1/2보다 약간 길다. 기주식물에서 흔히 대발생한다.

기주식물 매실, 모과, 복숭아, 살구, 서양자두, 자두, 가래, 개연꽃, 부들, 수련, 소귀나물, 택사 등

4

5

6

1. 무시성충 2019-06-11. 서울 구로구 연동로 푸른수목원 질경이택사
2. 무시성충과 약충 2019-05-28. 경기 양평군 양서면 양수로 세미원 연꽃
3. 유시성충과 약충 2019-06-25. 충북 음성군 원남면 대봉수목원 연꽃
4. 유시성충 2019-06-11. 서울 구로구 연동로 푸른수목원 질경이택사
5. 무시성충의 새끼낳기 2019-05-28. 경기 양평군 양서면 양수로 세미원 연꽃
6. 2019-06-11. 서울 구로구 연동로 푸른수목원 질경이택사

7. 2013-06-05. 경기 오산시 수청동 질경이택사
8. 2019-05-28. 경기 양평군 양서면 양수로 세미원 연꽃
9. 2015-10-15. 충북 단양군 가곡면 어의곡리 소백산 수련

10. 2019-06-25. 충북 음성군 원남면 대봉수목원 연꽃
11. 2019-06-11. 서울 구로구 연동로 푸른수목원 질경이택사
12. 2013-06-05. 경기 오산시 수청동 질경이택사
13. 2019-05-28. 경기 양평군 양서면 양수로 세미원 연꽃

다. 진딧물아과 Aphidinae Latreille, 1802

54. *Rhopalosiphum padi* 기장테두리진딧물

발생시기 5-10월

서식부위 잎, 이삭

생태 광식성 완전생활환을 갖는다. 이차기주인 벼과 식물에서 일차기주인 벚나무류로 기주전환하지만, 태생암컷으로 월동하는 계통도 있다. 여름에는 바랭이의 뿌리에서 볼 수 있다. 알로 월동한다.

특징 체색은 암녹색에서 진갈색이지만 간혹 검은색도 있다. 복부 뒤쪽은 주로 적갈색을 띤다. 몸은 달걀 모양이다. 뿔관은 원기둥 모양이며 끝에는 테두리가 있다. 끝편은 갈색이며 원뿔 모양으로 끝으로 갈수록 가늘어진다. 더듬이는 짧다. 옥수수테두리진딧물과 비슷하지만 이 종은 더듬이가 몸길이의 1/3로 짧아서 구별된다.

기주식물 벼과류, 벚나무류, 칸나

1

2

3

4

5

6

1. 무시성충과 약충 2019-08-16. 서울 강동구 고덕동 옥수수
2. 유시성충 2019-05-14. 전남 고흥군 금산면 대흥리 벼과
3. 무시성충과 약충 2015-09-03. 강원 정선군 고한읍 고한3길 옥수수
4. 2015-08-31. 강원 정선군 정선읍 애산리 옥수수
5. 2013-08-09. 경북 상주시 은척면 성주봉자연휴양림 옥수수
6. 2019-08-02. 강원 인제군 서화면 천도리 옥수수

7. 무시성충의 새끼낳기 2019-05-17. 경남 함양군 함양읍 기동길 벼과 1종
8. 2015-08-31. 강원 정선군 정선읍 애산리 옥수수

9. 천적인 등에 1종이 발생한 모습 2015-07-08. 충북 청주시 흥덕구 청정로 옥수수

10

11

12

13

10. 유시성충의 날개돋이 장면 2019-05-17. 경남 함양군 함양읍 기동길 벼과
11. 2019-08-16. 서울 강동구 고덕동 옥수수
12. 땅속 뿌리에서 발생한 모습 2014-06-23. 전남 노화읍 부황리 보길도 벼과
13. 2019-08-30. 경기 남양주시 경강로 옥수수

다. 진딧물아과 Aphidinae Latreille, 1802

55. *Rhopalosiphum rufiadominale* 붉은테두리진딧물

발생시기 5-10월

서식부위 신초, 잎 뒷면

생태 광식성 완전생활환을 갖는다. 6월 중순에 일차기주인 매화, 벚나무류, 배에서 이차기주인 밭벼, 오이, 토마토, 셀러리 등의 뿌리로 이주한다. 9월 중순에는 다시 일차기주로 돌아가서 유성세대를 만든다. 따뜻한 곳에서는 이차기주에서 유성세대 없이 무성세대만으로 연중 발생한다. 외국에서는 수경재배하는 삼속 식물의 해충이 될 수 있다고 한다. 알로 월동한다.

특징 체색은 적갈색에서 황녹색이고 배 뒤쪽은 붉은색이다. 복부마디에는 흰 밀납가루가 뭉쳐서 띠 모양을 만든다. 유사한 복숭아가루진딧물은 체색이 청록색이고, 밀납이 더 적어서 구별된다.

기주식물 벼과류, 장미과류, 가지과류

1

2

3

1. 무시성충 2019-05-08. 서울 동대문구 회기로 홍릉수목원 서울귀룽나무
2. 유시성충 2019-05-08. 서울 동대문구 회기로 홍릉수목원
3. 2015-04-13. 서울 송파구 탄천동로 잠실유수지 귀룽나무
4. 채색변이 2019-05-08. 서울 동대문구 회기로 홍릉수목원 서울귀룽나무
5. 2018-05-03. 경기 여주시 흥천면 상백리 귀룽나무
6. 어리벌레혹 2018-04-30. 서울 광진구 광장동 아차산생태공원 귀룽나무
7. 2019-05-08. 서울 동대문구 회기로 홍릉수목원 서울귀룽나무

다. 진딧물아과 Aphidinae Latreille, 1802

56. *Sappaphis piri* 배나무동글밑진딧물

발생시기 5-10월

서식부위 일차기주의 잎 뒷면, 이차기주의 뿌리

생태 광식성 완전생활환을 갖는다. 봄에는 일차기주인 배나무속 식물의 잎 뒷면에 기생하고, 5-6월경에 이차기주인 쑥류의 뿌리로 이주해서 가을까지 생활한다. 10월 경에는 다시 배나무속 식물로 돌아가서 유성형들이 만든 알로 월동한다. 한여름에 개미가 있는 쑥류를 뽑으면 쉽게 발견할 수 있다.

특징 체색은 붉은 갈색에서 황갈색으로 흰 밀납이 있다. 뿔관은 작고 끝편은 반원형이다. 체형은 둥근 난형이다.

기주식물 배나무속류, 쑥류

1

2

3

4

5

1. 무시성충 2019-05-03. 충북 음성군 감곡면 왕장리 배나무
2. 2019-05-03. 충북 음성군 감곡면 왕장리 배나무
3. 무시성충 2019-05-03. 충북 음성군 감곡면 왕장리 배나무
4. 벌레혹 2019-05-03. 충북 음성군 감곡면 왕장리 배나무
5. 2019-05-03. 충북 음성군 감곡면 왕장리 배나무

다. 진딧물아과 Aphidinae Latreille, 1802

57. *Schizaphis scirpi* 털두갈래진딧물

발생시기 8-11월

서식부위 잎

생태 단식성 완전생활환을 갖는다. 부들 등에서 연중 발생한다. 월동은 알이나 태생암컷으로 한다. 개미와 공생한다.

특징 체색은 검은색에서 흑갈색으로 광택이 있다. 뿔관은 원기둥 모양이고 길이는 끝편의 2배 정도이다. 뿔관과 끝편은 검은색이나 암갈색이다. 다리의 종아리마디는 대부분 연한 색이다. 끝편은 혀모양이다.

기주식물 부들류, 천남성류, 골풀류, 사초류

4

5

6

1. 무시성충 2019-06-17. 경북 영주시 산림약용자원연구소 부들
2. 유시성충 2019-05-29. 서울 광진구 뚝섬로 부들
3. 유시성충과 약충 2019-05-29. 서울 광진구 뚝섬로 부들
4. 유시성충과 약충 2019-05-29. 서울 광진구 뚝섬로 부들
5. 2019-07-09. 서울 성동구 성수동 서울숲 부들
6. 유시성충의 새끼낳기 2019-05-29. 서울 광진구 뚝섬로 부들

다. 진딧물아과 Aphidinae Latreille, 1802

58. *Shinjia orientalis* 고사리진딧물

발생시기 6-10월

서식부위 잎 뒷면

생태 광식성 완전생활환을 갖는다. 일차기주인 가막살나무류와 이차기주인 고사리류에서 기주전환한다. 유성세대는 10월 경에 출현하고 알로 월동한다. 이 종은 기주식물의 잎 가장자리를 뒤쪽에서 만다. 한여름의 높은 습도에서도 잘 번식하며 딱딱해진 고사리 잎 뒷면에서도 볼 수 있다.

특징 체색은 담황색이나 황색이다. 더듬이는 몸길이보다 길며 검은색이다. 다리의 제2발목마디와 발톱은 퇴화되어 없다. 뿔관은 큰 원기둥모양으로 밝지만, 끝부분은 약간 어둡다. 끝편은 밝다.

기주식물 고사리류, 가막살나무류

1. 무시성충 2019-06-27. 충북 음성군 원남면 큰산자생식물원 고사리
2. 유시성충 2014-06-10. 경남 거제시 연초면 연사리 고사리
3. 2014-06-10. 경남 거제시 연초면 연사리 고사리
4. 2014-06-10. 경남 거제시 연조년 연사리 고사리
5. 무시성충 2014-06-10. 경남 거제시 연초면 연사리 고사리
6. 2014-06-10. 경남 거제시 연초면 연사리 고사리
7. 어리벌레혹 2014-06-06. 경기 광주시 중부면 회안대로 고사리

다. 진딧물아과 Aphidinae Latreille, 1802

59. *Sitobion avenae* 보리수염진딧물

발생시기 4-11월

서식부위 줄기, 잎, 이삭

생태 단식성 완전생활환을 가지면서 알로 월동하지만, 따뜻한 지역에서는 태생암컷의 월동도 흔하다. 곡류에서는 위쪽에 있는 잎을 선호한다. 전 세계적으로 곡류에서 바이러스병을 매개하고 배설한 감로에서 그을음병을 일으켜 문제가 많은 해충이다.

특징 체색은 황록색에서 적갈색으로 변이가 많으며, 광택이 약간 있다. 더듬이와 뿔관은 검다. 끝편은 밝다. 몸 크기는 소형부터 대형까지 다양하다.

기주식물 벼과류, 냉이, 으름덩굴

1

2

3

4

5

6

7

1. 무시성충 2019-06-13. 경기 남양주시 수동면 물맑음수목원 보리
2. 유시성충과 약충 2019-05-30. 경기 동두천시 송내로 메귀리
3. 유시성충 2019-05-10. 경기 포천시 소흘읍 직동길 으름덩굴
4. 유시성충과 약충 2014-04-03. 경남 남해군 이동면 남해대로 다정마을 밀
5. 2019-06-13. 경기 남양주시 수동면 물맑음수목원 보리
6. 유시약충 2019-06-25. 충북 음성군 원남면 대봉수목원 개밀
7. 유시성충 2015-04-26. 전남 완도군 노화읍 신양리 밀

8. 2014-04-03. 경남 남해군 이동면 남해대로 다정마을 밀
9. 2013-10-06. 서울 동대문구 회기로 홍릉수목원 벼과
10. 2019-05-30. 경기 동두천시 송내로 메귀리
11. 2019-06-25. 충북 음성군 원남면 대봉수목원 개밀

12. 유시성충 2019-05-10. 경기 포천시 소흘읍 직동길 으름덩굴
13. 유시성충과 약충 2013-11-13. 강원 영월군 영월읍 팔괴리 으름덩굴
14. 2019-05-10. 경기 포천시 소흘읍 직동길 으름덩굴
15. 2019-05-10. 경기 포천시 소흘읍 직동길 으름덩굴
16. 2013-11-13. 강원 영월군 영월읍 팔괴리 으름덩굴

다. 진딧물아과 Aphidinae Latreille, 1802

60. *Sitobion ibarae* 찔레수염진딧물

발생시기 3–10월

서식부위 신초, 잎

생태 단식성 완전생활환을 갖지만 따뜻한 곳에서는 불완전생활환을 갖는다. 장미류에서 연중 발생한다. 5월 중순에서 6월 상순에 발생밀도가 높아진다. 따뜻한 지역에서는 태생암컷으로, 추운 곳에서는 알로 월동한다. 한 여름에는 몸이 작은 갈색의 무시형이 출현하는 경우도 있다. 찔레류와 재배 장미에서 흔하다.

특징 체색은 녹색이며, 성충은 광택이 있다. 머리는 연한 갈색, 뿔관과 더듬이는 검고 끝편은 밝다. 산딸기수염진딧물과는 아주 유사해서 생체 구별이 쉽지 않다. 프레파라트표본을 확인해야 한다.

기주식물 찔레류, 장미류

1. 무시성충 2019-05-17. 경남 함양군 함양읍 기동길 장미
2. 무시성충 2015-09-11. 경북 울산 울주군 언양읍 태기리 찔레
3. 2015-09-11. 경북 울산 울주군 언양읍 태기리 찔레
4. 무시성충 2019-06-27. 충북 음성군 원남면 큰산자생식물원 찔레
5. 간모 2017-03-14. 서울 서초구 양재동 양재시민의숲 장미
6. 2014-05-26. 강원 강릉시 견소동 장미 일종
7. 2013-09-24. 경기 양평군 양서면 용담3길 장미
8. 무시성충 2019-06-27. 충북 음성군 원남면 큰산자생식물원 찔레
9. 무시성충 2019-10-11. 서울 중랑구 면목동 용마산 장미
10. 산란형 암컷과 수컷 2014-11-24. 서울 강남구 학동로 청담배수지공원 장미
11. 산란형 암컷과 알 2014-11-24. 서울 강남구 학동로 청담배수지공원 장미
12. 알 2014-03-14. 서울 강남구 삼성동 청담도로공원 장미

다. 진딧물아과 Aphidinae Latreille, 1802

61. *Tuberocephalus sakurae* 벚잎혹진딧물

발생시기 4-10월

서식부위 잎

생태 광식성 완전생활환을 갖는다. 일차기주인 벚나무류에서 6월 하순에 이차기주인 쑥류의 땅속줄기로 이주한다. 알로 월동한다.

특징 체색은 암록색이다. 특히 복부와 가슴은 진한색이고 미세돌기가 그물무늬를 만든다. 뿔관은 검고 끝쪽으로 갈수록 심하게 가늘어진다.

기주식물 벚나무류, 쑥류

4

5

6

1. 무시성충 2014-04-26. 서울 동대문구 회기로 홍릉수목원 벚나무
2. 무시성충 2014-04-26. 서울 동대문구 회기로 홍릉수목원 벚나무
3. 2014-04-26. 서울 동대문구 회기로 홍릉수목원 벚나무
4. 2014-04-26. 서울 동대문구 회기로 홍릉수목원 벚나무
5. 어리벌레혹 2014-04-26. 서울 동대문구 회기로 홍릉수목원 벚나무
6. 벌레혹 2014-04-26. 서울 동대문구 회기로 홍릉수목원 벚나무

다. 진딧물아과 Aphidinae Latreille, 1802

62. *Tuberocephalus misakurae* 모리츠잎혹진딧물

발생시기 4–10월

서식부위 잎, 잎의 벌레혹

생태 광식성 완전생활환을 갖는다. 일차기주인 벚나무류(겹벚나무, 올벚나무 등)와 이차기주인 쑥류에서 기주전환한다. 간모는 벚나무에서 2세대에 유시형만을 만들고 이들은 5월 하순에서 6월 중순 경에 벌레혹이 열리면서 이차기주로 이주한다. 이차기주인 쑥에서는 무시형이 나온다. 알로 월동한다.

특징 간모는 체색이 황록색에서 진한 황록색이고, 뿔관은 진갈색이다. 간모가 만든 유시형은 황색이다. 벌레혹은 닭벼슬 같은 주머니 모양으로 황백색에서 연한 붉은색을 띤다. 이차기주에서 만들어진 무시형은 쑥류의 잎 뒷면에서 생활하는데, 체색이 황백색이나 녹색이며 복부가 납작하다. 복부에는 주름 무늬가 있고, 머리에는 혹모양의 뚜렷한 돌기가 있다. 벚나무류에서 유사한 벌레혹을 만드는 쑥잎혹진딧물은 간모가 진녹색이고 뿔관이 없거나 아주 작아서 구별된다.

기주식물 벚나무류, 쑥류

1

2

3

4

6

7

5

8

1. 무시성충(왼쪽 위) 유시약충(오른쪽 밑) 2019-06-05. 충북 청주시 미동산수목원 수양벚나무
2. 무시성충 2019-06-05. 충북 청주시 미동산수목원 수양벚나무
3. 유시성충 2019-06-11. 서울 구로구 연동로 푸른수목원 수양벚나무
4. 잎을 절단한 것 2013-06-04. 서울 동작구 동작동 현충원 수양벚나무
5. 유시약충(잎을 절단한 것) 2013-06-04. 서울 동작구 동작동 현충원 수양벚나무
6. 벌레혹 2013-06-04. 서울 동작구 동작동 현충원 수양벚나무
7. 2019-06-05. 충북 청주시 미동산수목원 수양벚나무
8. 2019-06-05. 충북 청주시 미동산수목원 수양벚나무

다. 진딧물아과 Aphidinae Latreille, 1802

63. *Uroleucon erigeronense* 망초수염진딧물

발생시기 5-11월

서식부위 줄기

생태 단식성 완전생활환을 갖는다. 망초류에서 연중 생활한다. 외국에서는 국화과 식물에서도 서식한다. 알로 월동한다.

특징 체색은 녹색이며 뒷쪽 중앙에 녹색 세로줄이 있다. 종아리마디의 말단부는 어둡다. 뿔관은 기부쪽은 밝지만 말단부로 갈수록 어둡다. 더듬이는 몸길이와 거의 같다.

기주식물 망초류, 국화류

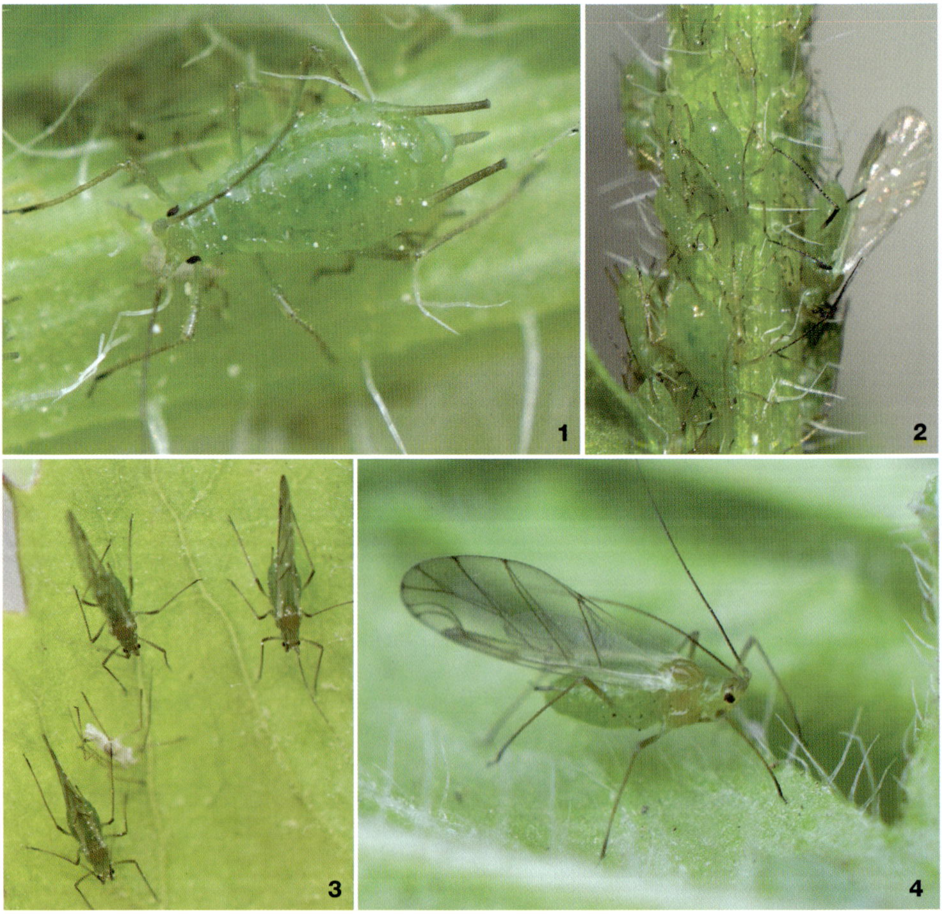

5

6

7

8

9

1. 무시성충 2015-05-08. 부산 사상구 엄궁동 승학산 개망초
2. 유시성충과 무시성충 2015-10-15. 충북 단양군 가곡면 어의곡리 소백산 개망초
3. 2019-04-25. 부산 기장군 철마면 안평로 개망초
4. 유시성충 2015-04-08. 서울 동작구 노량진동 사육신공원 개방초
5. 2019-05-02. 경기 이천시 율면 총곡리 개망초
6. 무시성충 2019-05-16. 경남 함양군 지곡면 정취길 개망초
7. 2014-11-21. 강원 원주시 북원로 개망초
8. 유시성충 2019-04-25. 부산 기장군 철마면 안평로 개망초
9. 수컷 2015-10-15. 충북 단양군 가곡면 어의곡리 소백산 개방초

64. *Uroleucon formosanum* 대만수염진딧물

발생시기 6-11월

서식부위 줄기 상단, 잎 뒷면

생태 단식성 완전생활환을 갖는다. 고들빼기류에서 연중 발생하며 방가지똥류에서도 관찰된다. 늦가을에 유성형이 출현한다. 일반적으로 알로 월동하지만, 따뜻한 곳에서는 태생암컷으로도 월동한다.

특징 체색은 적갈색이고 복부 등쪽의 앞부분에 큰 검은색 반점이 있다. 뿔관은 검은색이고 끝편은 연황색이다. 3번 더듬이마디에 돌출된 감각기가 있고, 길이는 4번과 5번 더듬이마디보다 1.5배 이상 크다. 뿔관 뒤쪽에 작은 피부딱지가 있다. 국내에는 미보고 된 *U. lactucicola*와 비슷하지만 이 종은 끝편이 검어서 쉽게 구별된다.

기주식물 고들빼기류, 엉겅퀴, 씀바귀, 솔나물

1. 무시성충 2019-10-15. 서울 강동구 둔촌동 일자산 왕고들빼기
2. 유시성충 2019-10-14. 서울 성동구 성수동 서울숲 왕고들빼기
3. 2019-08-30. 경기 남양주시 경강로 왕고들빼기
4. 유시성충과 약충 2019-10-02. 서울 노원구 화랑로 태릉 왕고들빼기
5. 2019-05-30. 경기 동두천시 송내로 왕고들빼기
6. 2015-05-27. 전남 여수시 삼산면 거문리 거문도 상추
7. 무시성충의 새끼낳기 2019-05-14. 전남 고흥군 금산면 대흥리 상추
8. 2019-10-15. 서울 강동구 둔촌동 일자산 왕고들빼기
9. 2014-09-23. 경기 동두천시 동두천동 소요산 씀바귀

다. 진딧물아과 Aphidinae Latreille, 1802

65. *Uroleucon kikioense* 도라지수염진딧물

발생시기 5-10월

서식부위 꽃대, 잎 뒷면

생태 단식성 완전생활환을 갖는다. 5-6월에 도라지 재배지에서 흔히 대량으로 발생한다.

특징 체색은 광택이 있는 적갈색이다. 뿔관은 검다. 다리는 발목마디 전체와 종아리마디 및 넓적다리마디의 끝부는 진하고, 나머지는 연하다. 더듬이는 6번 마디가 진하고 나머지는 연하다. 끝편은 노란색이며 긴 혀 모양이다.

기주식물 초롱꽃과류

1. 무시성충 2019-08-02. 강원 인제군 서화면 천도리 도라지
2. 유시성충 2015-09-08. 경북 경주시 내남면 포석로 남산 도라지
3. 2019-07-02. 경기 광주시 퇴촌면 무수리 도라지
4. 2014-06-11. 경남 거제시 일운면 구조라리 도라지
5. 2015-06-30. 서울 강서구 방화동 개화산 도라지
6. 2015-06-30. 서울 강서구 방화동 개화산 도라지

다. 진딧물아과 Aphidinae Latreille, 1802

66. *Uroleucon cephalonopli* 지칭개수염진딧물

발생시기 4-11월

서식부위 줄기

생태 단식성 완전생활환을 갖는다. 엉겅퀴류에서 연중 발생한다. 11월 경에 유성세대가 출현하며 알로 월동한다. 국내에서는 고려엉겅퀴 재배지에서 문제가 되고 있다.

특징 체색은 흑갈색 또는 검은색이다. 뿔관과 끝편은 검다. 종아리마디의 중간 부분은 연한 색이다. 비슷한 왕수염진딧물은 종아리마디 전체가 검어서 구별된다.

기주식물 엉겅퀴류, 지칭개

5

6

7

8

9

1. 무시성충 2014-09-30. 강원 정선군 정선읍 북실리 고려엉겅퀴
2. 2015-08-31. 강원 정선군 정선읍 애산리 고려엉겅퀴
3. 2014-10-19. 강원 정선군 사북읍 지장천로 고려엉겅퀴
4. 유시성충 2019-06-17. 경북 영주시 산림약용자원연구소 고려엉겅퀴
5. 2015-08-31. 강원 정선군 정선읍 애산리 고려엉겅퀴
6. 짝짓기 2014-11-17. 강원 정선군 녹송8길 고려엉겅퀴
7. 새끼낳기 2014-09-30. 강원 정선군 정선읍 북실리 고려엉겅퀴
8. 2014-09-30. 강원 정선군 정선읍 북실리 고려엉겅퀴
9. 줄기 밑에 산란한 알 2014-11-17. 강원 정선군 녹송8길 고려엉겅퀴

다. 진딧물아과 Aphidinae Latreille, 1802

67. *Uroleucon gobonis* 우엉수염진딧물

발생시기 5-10월

서식부위 꽃대, 잎 뒷면

생태 단식성 완전생활환을 갖는다. 따뜻한 곳에서는 불완전생활환을 가질 수도 있다. 흔히 대발생한다.

특징 체색은 흑갈색이나 검은색으로 광택이 있다. 더듬이, 뿔관, 끝편은 검은색이다, 다리는 검지만 종아리마디 부위는 황갈색이다. 더듬이는 몸길이보다 훨씬 길다. 뿔관은 길며, 기부가 끝부보다 2배 정도 크고 끝부에 그물무늬가 있다. 끝편은 뿔관의 1/2보다 약간 길다.

기주식물 우엉속, 삽주속, 잇꽃속, 취나물속

1. 무시성충 2013-06-03. 인천 서구 경서동 국립생물자원관 지칭개
2. 무시성충 2019-06-28. 충북 충주시 신니면 수월2길 엉겅퀴
3. 2015-05-05. 부산 기장군 철마면 지칭개
4. 2014-06-06. 경기 광주시 중부면 회안대로 엉겅퀴
5. 무시성충 2015-05-22. 인천 강화군 송해면 오류내길 지칭개
6. 유시성충 2015-05-05. 부산 기장군 철마면 지칭개
7. 2019-05-15. 전남 고흥군 과역면 백일리 지칭개

라. 참알락진딧물아과 Calaphidinae Oestlund, 1919

68. *Neochromeaphis carpinicola* 날개알락진딧물

발생시기 4-11월

서식부위 잔가지, 잎

생태 단식성 완전생활환을 갖는다. 유성형은 10-11월에 출현한다. 알로 월동한다. 개미와 공생한다.

특징 태생세대는 유시형만 있다. 유시형은 체색이 지저분한 황녹색이나 갈색이다. 체형은 통통한 방추형이다. 날개는 전체가 어둡다. 복부에 털이 많지만 두드러진 혹은 없다. 복부 1-5번 마디의 가장자리에 옆돌기가 있다. 뿔관은 짧고 나무 그루터기 모양이다. 끝편은 주걱모양이다.

기주식물 서어나무류

1

2

3

4

5

6

7

1. 유시성충의 새끼낳기 2019-05-21. 제주 국립산림과학원 난대산림연구소 서어나무
2. 유시약충 2019-05-21. 제주 국립산림과학원난대산림연구소 서어나무
3. 유시약충 2019-05-21. 제주 국립산림과학원난대산림연구소 서어나무
4. 유시약충 2019-05-21. 제주 국립산림과학원난대산림연구소 서어나무
5. 2019-05-21. 제주 국립산림과학원난대산림연구소 서어나무
6. 2019-05-21. 제주 국립산림과학원난대산림연구소 서어나무
7. 2019-05-21. 제주 국립산림과학원난대산림연구소 서어나무

라. 참알락진딧물아과 Calaphidinae Oestlund, 1919

69. *Shivaphis celti* 팽나무알락진딧물

발생시기 4-11월

서식부위 잎 뒷면

생태 단식성 완전생활환을 갖는다. 팽나무에서 연중 발생한다. 10월 이후에 유성세대가 나타나며 가지에 알을 낳아 월동한다.

특징 체색은 암황색이나 암황록색이며 흰 솜털 모양의 밀납이 있다. 뿔관은 매우 짧고 구멍 모양이다. 끝편은 길쭉한 손가락 모양이다. 유시형의 시맥은 크게 확장되었고, 날개무늬와 주맥의 말단부에 검은색 무늬가 있다.

기주식물 팽나무류

1

2

3

4

5

6

7

8

9

1. 무시성충 2019-09-10. 경기 남양주시 와부읍 석실로 팽나무
2. 2019-05-16. 경남 함양군 지곡면 정취길 팽나무
3. 2014-05-17. 제주 서귀포시 안덕면 팽나무
4. 유시성충 2019-04-17. 경남 사천시 용현면 선진리 팽나무
5. 2019-04-10. 경남 고성군 기류면 신용리 팽나무
6. 2017-10-31. 충남 공주시 유구리 팽나무 팽나무
7. 수컷 2017-10-31. 충남 공주시 유구리 팽나무 팽나무
8. 2014-10-28. 경기 오산시 청학로 물향기수목원 팽나무
9. 짝짓기 2017-10-31. 충남 공주시 유구리 팽나무

라. 참알락진딧물아과 Calaphidinae Oestlund, 1919

70. *Symydobius kabae* 자작나무털진딧물

발생시기 5-11월

서식부위 1년생 가지의 나무껍질, 잔가지

생태 단식성 완전생활환을 갖는다. 알로 월동한다. 개미와 공생한다.

특징 머리와 가슴은 진갈색이고 다른 부위는 갈색이다. 겹눈은 붉으며, 복부 1-7번 마디에 짙은 갈색의 경판으로 된 가로줄무늬가 있다. 뿔관은 짧은 원통형으로 진한 색이며, 끝부에는 테두리가 있다. 끝편은 넓고 둥글다.

기주식물 거제수나무, 물박달나무, 사스레나무, 자작나무, 오리나무류

1. 무시성충 2019-07-31. 강원 인제군 서화면 서화리 물박달나무
2. 무시성충 2019-07-31. 강원 인제군 서화면 서화리 물박달나무
3. 유시성충과 유시약충 2019-06-13. 경기 남양주시 수동면 물맑음수목원 자작나무
4. 유시성충 2019-06-13. 경기 남양주시 수동면 물맑음수목원 자작나무
5. 유시성충과 유시약충 2019-06-13. 경기 남양주시 수동면 물맑음수목원 자작나무
6. 2019-06-13. 경기 남양주시 수동면 물맑음수목원 자작나무
7. 2019-07-31. 강원 인제군 서화면 서화리 물박달나무
8. 2019-06-14. 경기 남양주시 수동면 지둔리 자작나무
9. 2019-07-31. 강원 인제군 서화면 서화리 물박달나무

라. 참알락진딧물아과 Calaphidinae Oestlund, 1919

71. *Takecallis arundicolens* 조릿대알락진딧물

발생시기 4-10월

서식부위 잎 뒷면

생태 단식성 완전생활환을 갖는다. 대나무류에서 연중 생활한다.

특징 유시형의 체색은 밝은 노란색이다. 복부에 어두운 반점이 없다. 끝편은 검다. 더듬이 3번 마디의 중앙부는 어둡다. 머리 가운데에 돌출부가 있다. 이마홈과 더듬이혹이 잘 발달하였다. 뿔관은 원통형이고, 끝편은 주걱 모양이다. 유사종인 대알락진딧물은 머리 중앙에 1개의 검은색 줄, 앞가슴과 가운데가슴에 3개의 줄이 있고, 복부에 긴 타원형의 흑갈색 작은 반점들이 있어 구별된다.

기주식물 조릿대, 대나무

4

5

6

7

8

1. 유시성충 2014-09-25. 서울 중랑구 면목동 용마산 조릿대
2. 2019-04-25. 부산 기장군 철마면 안평로 신이대
3. 유시약충 2015-04-26. 전남 완도군 노화읍 신양리 신이대
4. 알에서 깨어나오는 간모 2014-03-22. 서울 송파구 문정동 훼밀리공원 조릿대
5. 2019-04-25. 부산 기장군 철마면 안평로 신이대
6. 수컷 2014-12-01. 경남 거제시 하청면 연구리 칠천도 신이대
7. 수컷 2015-11-23. 서울 강남구 수서동 신이대
8. 알 2017-03-15. 서울 송파구 올림픽로 송파구여성축구장 신이대

라. 참알락진딧물아과 Calaphidinae Oestlund, 1919

72. *Takecallis taiwana* 대만조릿대알락진딧물

발생시기 5-11월

서식부위 신초, 잎 뒷면

생태 조릿대류에서 연중 생활하며 단식성 완전생활환으로 추정되지만 월동법은 불분명하다.

특징 유시형의 체색은 황록색이고 끝편은 회색이다. 몸은 둥근 유선형이다. 머리에 검은 줄무늬가 보인다. 더듬이혹이 잘 발달되었다. 앞날개 주맥과 날개무늬는 어둡다. 더듬이는 몸길이보다 짧고, 3번 마디의 끝부분이 어둡다. 뿔관은 원통형이고, 끝편은 주걱 모양이다.

기주식물 조릿대류

1

2

3

4

5

6

7

1. 유시성충 2019-05-22. 제주 서귀포시 올레길 6코스 대나무
2. 유시약충 2019-05-22. 제주 서귀포시 올레길 6코스 대나무
3. 유시약충 2019-05-22. 제주 서귀포시 올레길 6코스 대나무
4. 2015-06-04. 전남 순천시 서면 수통목길 대나무
5. 2015-11-17. 경남 거창군 거창읍 웅곡1길 신이대
6. 2019-05-22. 제주 서귀포시 올레길 6코스 대나무
7. 2019-05-22. 제주 서귀포시 올레길 6코스 대나무

라. 참알락진딧물아과 Calaphidinae Oestlund, 1919

73. *Tinocallis takachihoensis* 별점느릅알락진딧물

발생시기 4-10월

서식부위 잎

생태 단식성 완전생활환을 갖는다. 알로 월동한다.

특징 유시형의 체색은 미색이나는 연한 황색이지만 머리와 가슴은 광택이 나는 검은색이다. 뒷다리의 종아리마디 기부와 넓적다리마디 끝부도 검은색이다. 날개는 시맥을 따라 뚜렷한 검은색 무늬가 있다. 이마혹과 더듬이혹이 잘 발달되었다. 앞가슴과 가운데가슴에 1쌍의 혹이 있다. 복부 가장자리에 옆돌기가 있다. 뿔관은 원통형이고 끝편은 주걱 모양이다.

기주식물 느릅나무류

5

8

6

7

9

1. 유시성충 2014-11-15. 서울 동대문구 회기로 홍릉수목원 느릅나무
2. 약충 2015-04-26. 서울 강동구 암사동 느릅나무
3. 유시약충 2019-06-17. 경북 영주시 산림약용자원연구소 느릅나무
4. 유시성충 2015-04-26. 서울 강동구 암사동 느릅나무
5. 2019-08-20. 충남 태안군 안면읍 승언리 황피느릅나무
6. 산란형 암컷 2018-11-27. 경기 하남시 천호대로 느티나무
7. 알 2019-11-20. 서울 강동구 명일동 왕느릅나무
8. 2019-08-20. 충남 태안군 안면읍 승언리 황피느릅나무
9. 짝짓기 2019-11-13. 서울 강동구 천호동 왕느릅나무

라. 참알락진딧물아과 Calaphidinae Oestlund, 1919

74. *Tinocallis mushensis* 노랑느티나무알락진딧물

발생시기 5-11월

서식부위 잎 뒷면

생태 단식성 완전생활환을 갖는다. 느티나무류에서 연중 생활한다. 태생암컷은 유시형으로 출현한다. 10-11월에 유시형 수컷과 무시형 난생암컷이 나타난다. 알로 월동한다.

특징 유시형은 밝은 황색을 띤다. 더듬이 4-6번 마디에 그물무늬가 뚜렷하다. 복부 등면 1-2마디에는 1쌍의 털이 미색의 혹 위에 돋아있다. 복부 3-8 마디에는 1쌍의 털이 돌기 위에 돋아있다.

기주식물 느티나무

1. 유시성충 2019-09-10. 경기 남양주시 와부읍 석실로 느티나무
2. 유시약충 2019-10-11. 서울 중랑구 면목동 용마산 느티나무
3. 유시성충과 유시약충 2014-07-21. 경기 양평군 용문면 용문사 느티나무
4. 유시성충 2019-09-10. 경기 남양주시 와부읍 석실로 느티나무
5. 유시성충 2019-10-29. 서울 송파구 잠실동 아시아공원 느티나무
6. 유시성충과 유시약충 2019-06-25. 충북 음성군 원남면 대봉수목원 느티나무
7. 2014-07-21. 경기 양평군 용문면 용문사 느티나무
8. 2019-0-701. 서울 서초구 원지동 청계산 느티나무
9. 유시성충 2019-10-22. 경기 하남시 미사대로 느티나무

라. 참알락진딧물아과 Calaphidinae Oestlund, 1919

75. *Tuberculatus kuricola* 밤나무낙타진딧물

발생시기 4-11월

서식부위 새잎 뒷면, 신초, 엽맥

생태 단식성 완전생활환을 갖는다. 밤나무류에서 연중 생활한다. 기주식물의 엽맥을 따라 높은 밀도로 발생한다. 알로 월동한다. 개미와 공생한다. 여름에 밀도가 높아지면 날개가 작은 형들이 출현하기도 한다.

특징 유시형만 출현한다. 체색은 짙은 황녹색에서 지저분한 황색으로 변이가 있으며, 흰 밀납이 있다. 앞날개에 시맥을 따라 짙고 두꺼운 무늬가 있다. 가슴에 혹은 없다. 복부 등쪽에 짙고 낮은 2쌍의 혹이 있다. 복부 가장자리는 짙게 경화되고, 옆돌기가 뚜렷하다. 뿔관과 주변부는 진하며 끝쪽에 테두리가 있다. 끝편은 주걱 모양이다.

기주식물 밤나무류

1. 유시성충과 약충 2019-05-20. 제주 서귀포시 돈내코 밤나무
2. 2013-09-08. 서울 광진구 광장동 아차산생태공원 밤나무
3. 유시성충 2019-05-20. 제주 서귀포시 돈내코 밤나무
4. 유시성충 2019-05-20. 제주 서귀포시 돈내코 밤나무
5. 2013-09-10. 서울 광진구 능동 어린이대공원 밤나무
6. 짝짓기 2015-11-13. 강원 홍천군 북방면 성동리 밤나무
7. 유시성충 2019-05-14. 전남 고흥군 금산면 대흥리 밤나무
8. 2019-08-21. 충남 태안군 원북면 반계리 밤나무
9. 2013-10-26. 경기 성남시 수정구 복정동 밤나무

라. 참알락진딧물아과 Calaphidinae Oestlund, 1919

76. *Tuberculatus orientalis* 동양검은낙타진딧물

발생시기 5-10월

서식부위 잎 뒷면

생태 단식성 완전생활환을 갖는다. 알로 월동한다. 개미와 공생한다.

특징 유시형의 체색은 회색 또는 검은색으로 광택이 있다. 몸은 유선형으로 2 mm 내외이다. 더듬이혹이 잘 발달되었다. 앞날개의 날개무늬는 검고 두껍다. 가슴에 혹은 없지만 복부 등쪽의 1-3번 마디에 1쌍의 혹이 있다. 특히 3번 마디의 혹은 기저부분이 넓게 붙어 있다. 앞다리와 가운데다리는 밝지만 뒷다리는 검다. 뿔관과 주변부는 검은색을 띠며, 뿔관 끝쪽에 테두리가 있다. 끝편은 주걱모양이다.

기주식물 참나무류

5

6

7

8

1. 유시성충 2019-06-06. 경기 여주시 황학산수목원 갈참나무
2. 유시약충 2019-06-06. 경기 여주시 황학산수목원 갈참나무
3. 유시약충 2019-06-06. 경기 여주시 황학산수목원 갈참나무
4. 유시성충 2019-06-04. 충남 세종시 금강수목원 졸참나무
5. 2019-06-04. 충남 세종시 금강수목원 졸참나무
6. 유시약충 2019-06-04. 충남 세종시 금강수목원 졸참나무
7. 2019-06-19. 경북 봉화군 춘양면 국립백두대간수목원 갈참나무
8. 2019-06-19. 경북 봉화군 춘양면 국립백두대간수목원 갈참나무

라. 참알락진딧물아과 Calaphidinae Oestlund, 1919

77. *Tuberocephalus stigmatus* 검은낙타진딧물

발생시기 4-11월

서식부위 잎 뒷면

생태 단식성 완전생활환을 갖는다. 떡갈나무와 상수리나무 등에서 연중 발생한다. 잎의 주맥을 따라 작은 집단을 만든다. 유성형은 10월에 출현한다. 알로 월동한다. 개미와 공생한다.

특징 유시형의 체색은 검은색으로 광택이 있다. 앞다리와 가운데다리는 밝지만 뒷다리는 검다. 더듬이에는 띠모양의 작은 무늬가 있다. 앞날개의 날개무늬는 검은 초생달 모양이다. 복부의 앞쪽에 손가락 모양의 돌기가 있다.

기주식물 참나무류

1. 유시성충 2014-05-16. 제주 용강동 한라생태숲 참나무
2. 유시성충 2014-05-16. 제주 용강동 한라생태숲 참나무
3. 2019-09-27. 경기 여주시 능서면 백석리 졸참나무
4. 유시성충과 유시약충 2019-09-27. 경기 여주시 능서면 백석리 졸참나무
5. 산란형 암컷과 수컷 2013-11-12. 서울 성동구 성수동 서울숲 떡갈나무
6. 2013-11-12. 서울 성동구 성수동 서울숲 떡갈나무
7. 2013-11-12. 서울 성동구 성수동 서울숲 떡갈나무
8. 2019-09-27. 경기 여주시 능서면 백석리 졸참나무
9. 유시성충과 유시약충 2019-10-15. 서울 강동구 둔촌동 일자산 신갈나무
10. 산란형 암컷과 알 2013-11-12. 서울 성동구 성수동 서울숲 떡갈나무

마. 털진딧물아과 Chaitophorinae Koch, 1854

78. *Chaitophorus populeti* 은백양털진딧물

발생시기 5-11월

서식부위 가지, 잎 뒷면

생태 단식성 완전생활환을 갖는다. 개미와 공생한다. 알로 월동한다.

특징 체색은 녹황색에서 검은색으로 변이가 있다. 머리는 갈색이고 눈은 적갈색이다. 복부는 흑갈색이지만 중앙부와 가장자리는 녹황색이다. 더듬이와 다리는 연갈색이다. 뿔관은 흑갈색이고, 끝편은 녹황색이다. 끝편은 밑부가 잘록하고 끝부가 공 모양이다. 더듬이는 몸길이의 1/2보다 크다. 약충은 복부에 뚜렷한 어두운 무늬가 있다.

기주식물 은사시나무

1

2

3

1. 무시성충 2019-05-08. 서울 동대문구 회기로 홍릉수목원 은사시나무
2. 유시성충 2019-06-12. 경기 하남시 미사대로 은사시나무
3. 2014-06-18. 전남 해남군 해남읍 구교리 은사시나무
4. 2014-06-18. 전남 해남군 해남읍 구교리 은사시나무
5. 간모 2019-04-04. 서울 서초구 새원길 청계산 은사시나무
6. 2016-05-31. 강원 삼척시 미로면 활기리 은사시나무

7

8

9

7. 2019-08-05. 강원 춘천시 남면 가정리 은사시나무
8. 2019-08-05. 강원 춘천시 남면 가정리 은사시나무
9. 2019-08-05. 강원 춘천시 남면 가정리 은사시나무

10. 유시성충 유시약충 산란형 암컷 짝짓기 2013-11-20. 서울 강동구 암사동 선사유적지 은사시나무
11. 2013-11-20. 서울 강동구 암사동 선사유적지 은사시나무
12. 유시성충 유시약충 산란형 암컷 짝짓기 2013-11-20. 서울 강동구 암사동 선사유적지 은사시나무
13. 짝짓기 2019-10-28. 서울 강남구 일원동 대모산 은사시나무

마. 털진딧물아과 Chaitophorinae Koch, 1854

79. *Chaitophorus saliniger* 대륙털진딧물

발생시기 5-10월

서식부위 어린 잎, 잎자루, 신초

생태 단식성 완전생활환을 갖는다. 버드나무류에서 연중 발생한다. 무시형 수컷과 난생 암컷은 10월부터 나타난다. 알로 월동한다. 개미와 공생한다.

특징 체색은 흑갈색으로 광택이 있다. 더듬이는 말단부위가 흑갈색이다. 다리는 연한 갈색이지만, 간혹 넓적다리마디와 종아리마디의 기부가 흑갈색이다. 뿔관은 흑갈색이고 끝편은 연갈색이다. 머리에 세로줄이 없다. 국내에 미보고된 유사종인 *C. salijaponicus*는 흑갈색으로 머리 뒤쪽 중앙에 그물무늬가 있어 구별된다.

기주식물 버드나무류

1

2

3

1. 무시성충 2014-09-26. 충북 제천시 산곡동 버드나무
2. 무시성충과 약충 2014-04-10. 서울 성동구 서울숲 버드나무
3. 유시성충의 새끼낳기 2019-05-28. 경기 양평군 양서면 양수로 세미원 버드나무
4. 2015-08-28. 경기 연천군 신서면 고대산길 버드나무
5. 2014-04-17. 서울 강동구 길동 일자산 버드나무
6. 2013-08-03. 경남 함양군 마천면 삼정리 버드나무

마. 털진딧물아과 Chaitophorinae Koch, 1854

80. *Periphyllus californiensis* 진사진딧물

발생시기 3-10월

서식부위 새잎 뒷면의 엽맥, 월하형 약충은 오래된 잎 뒷면의 엽맥

생태 단식성 완전생활환을 갖는다. 단풍나무류에서 연중 발생한다. 월동란은 4월 초순에 부화하여 새잎이 나올 때 성장한다. 태생세대는 유시형과 무시형 2종류가 있고 약충은 일반형과 월하형 2종류가 있다. 월하형 약충은 성장을 멈추고 정지상태로 여름을 넘긴 후 잎의 질소 함량이 높아지는 9월 말부터 10월 무렵이 되면 탈피하여 일반형 약충이 되고 성장하여 태생암컷이 된다. 월하형 약충의 출현은 세대 수와는 관계가 없고, 질소 함유량이 높은 잎에서는 일반형, 질소 함유량이 낮은 잎에서는 월하형 약충이 나타난다.

특징 체색은 적갈색이고 머리는 검은색이다. 더듬이는 몸길이보다 짧고 3-4번 더듬이마디의 기부는 밝지만 다른 부분은 검다. 복부에 딱딱한 검은색 피부판이 있다. 뿔관은 갈색의 나무 그루터기 모양이다. 뒷다리의 종아리마디는 검다. 몸에는 긴 털이 많다. 간모는 황갈색으로 복부 중앙에 1개의 반점이 있으며, 무시태생암컷에 있는 검은색 띠가 없다. 월하형 약충은 거의 반투명으로, 납작하고 몸 가장자리에 잎 모양의 털이 많다.

기주식물 단풍나무류

1

2

3

4

5

6

1. 유시성충 2019-04-18. 경남 고성군 거류면 신용리 단풍나무
2. 2019-05-09. 경기 포천시 소흘읍 국립수목원 단풍나무
3. 2019-05-09. 경기 포천시 소흘읍 국립수목원 단풍나무
4. 간모 2014-03-21. 서울 서초구 매헌로 양재시민의숲 단풍나무
5. 새끼낳기 2019-04-18. 경남 고성군 거류면 신용리 단풍나무
6. 월하형 약충 2019-07-02. 경기 광주시 퇴촌면 도수리 단풍나무

7. 2013-11-20. 서울 성동구 성수동 서울숲 단풍나무
8. 2013-11-13. 강원 영월군 영월읍 팔괴리 단풍나무
9. 2013-11-20. 서울 성동구 성수동 서울숲 단풍나무

10. 짝짓기 2013-11-20. 서울 성동구 성수동 서울숲 단풍나무
11. 수컷 2013-11-20. 서울 성동구 성수동 서울숲 단풍나무
12. 알 2014-03-03. 경기 양평군 양서면 부용리 단풍나무
13. 산란형 암컷과 알 2013-11-20. 서울 성동구 성수동 서울숲 단풍나무

마. 털진딧물아과 Chaitophorinae Koch, 1854

81. *Periphyllus koelreuteriae* 모감주진사진딧물

발생시기 5-10월

서식부위 잎 뒷면, 잔가지

생태 단식성 완전생활환을 갖는다. 여름에 약충으로 하면을 한다.

특징 체색은 흑갈색이다. 다리의 종아리마디는 검은색이다. 복부 등판에 흔히 쌍으로 어두운 반점들이 다양한 모양으로 있다. 하면을 하는 월하형 약충은 복부 가장자리에 나뭇잎 모양의 털이 있다. 뿔관은 사다리꼴 모양이고, 끝편과 끝판은 초승달 모양이다.

기주식물 모감주나무

1

2

3

4

5

6

7

8

9

1. 무시성충 2013-09-05. 경기 성남시 수정구 금토동 청계산 모감주나무
2. 2013-09-05. 경기 성남시 수정구 금토동 청계산 모감주나무
3. 간모 2019-04-04. 서울 서초구 새원길 청계산 모감주나무
4. 유시성충과 유시약충 2014-04-26. 서울 동대문구 회기로 홍릉수목원 모감주나무
5. 월하형 약충 2019-07-09. 서울 성동구 성수동 서울숲 모감주나무
6. 2014-04-26. 서울 동대문구 회기로 홍릉수목원 모감주나무
7. 2014-10-29. 강원 춘천시 화목원길 강원도립화목원 모감주나무
8. 수컷 2019-11-04. 서울 광진구 자양동 뚝섬유원지 모감주나무
9. 알 2014-03-14. 서울 강남구 삼성동 청담도로공원 모감주나무

마. 털진딧물아과 Chaitophorinae Koch, 1854

82. *Periphyllus kuwanaii* 신나무진사진딧물

서식부위 가지, 잎 뒷면

생태 생활사는 불분명하다. 여름에 약충으로 하면을 한다. 개미와 공생한다.

특징 체색은 진갈색에서 검은색으로 광택이 있다. 복부에 횡으로 큰 피부판이 있고 가장자리에도 작은 피부판들이 있다. 하면을 하는 월하형 약충은 복부 가장자리에 나뭇잎 모양의 털이 있다.

기주식물 신나무, 고로쇠나무

1

2

3

4

5

6

7

1. 무시성충 2019-07-03. 경기 광주시 퇴촌면 도마치길 신나무
2. 유시성충 2013-05-20. 경기 성남시 수정구 상적동 신나무
3. 2014-10-27. 경기 성남시 수정구 금토동 들꽃농원 신나무
4. 2013-11-23. 경기 성남시 수정구 금토동 청계산 신나무
5. 간모 2017-03-24. 경기 광주시 남한산성면 회안대로 신나무
6. 산란형 암컷과 알 2013-11-23. 경기 성남시 수정구 금토동 청계산 신나무
7. 알 2014-10-27. 경기 성남시 수정구 금토동 들꽃농원 신나무

마. 털진딧물아과 Chaitophorinae Koch, 1854

83. *Periphyllus triflorumi* 복자기진사진딧물

발생시기 4-10월

서식부위 가지, 잎자루

생태 생활환은 불분명하다.

특징 체색은 진갈색이다. 복부 등쪽에 작은 피부판들이 많이 있다. 다리는 검다. 복부 중앙에 어두운 반점들이 다양한 모양으로 있다. 복부 가장자리에도 작은 반점들이 있다. 뿔관은 사다리꼴 모양이고, 끝쪽에 그물무늬가 있다. 끝편은 초승달 모양이다.

기주식물 복자기나무

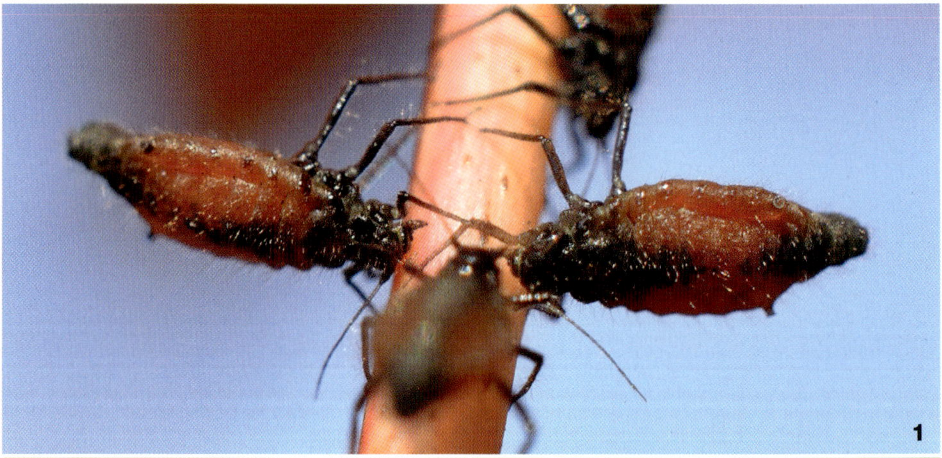

1

2

3

4

5

6

1. 무시성충 2014-10-29. 강원 춘천시 화목원길
   강원도립화목원 복자기나무
2. 무시성충 2014-04-07. 경기 광주시 퇴촌면 복자기나무
3. 유시성충 2018-05-08. 서울 서초구 원지동 정계산 복자기나무
4. 2014-10-08. 충북 제천시 세명로 복자기나무
5. 2015-10-27. 서울 강남구 대치동 복자기나무
6. 2014-04-07. 경기 광주시 퇴촌면 복자기나무

바. 면충아과 Eriosomatinae Baker, 1920

84. *Prociphilus oriens* 물푸레면충

발생시기 4-10월

서식부위 새눈, 잎

생태 광식성 완전생활환을 갖는다. 봄에 일차기주인 물푸레나무의 잎을 말고 뭉쳐서 만든 벌레혹 안에서 산다. 봄에 간모에서 나온 자손들이 전부 유시형으로서 6월에서 7월 초에 전나무의 뿌리로 이주한다. 9-10월에는 다시 일차기주로 이주하여 유성형을 만들고 산란하여 알로 월동한다.

특징 간모의 체색은 거무스름한 황갈색이다. 복부에 여러 개의 띠무늬와 흰 밀납이 있다. 유시형의 체색은 갈색에서 적녹색이고 흰 밀납이 있다. 복부에 여러 개의 검은 띠무늬가 있고 가장자리에는 작은 점무늬가 있다. 더듬이는 몸 길이의 1/3 정도이다.

기주식물 물푸레나무, 들매나무, 미국물푸레

1

2

3

1. 무시성충과 약충 2014-04-25. 강원 평창군 대화면 대화리 물푸레나무
2. 유시성충 2014-05-08. 경기 남양주시 불암산로 산들소리수목원 물푸레나무
3. 유시약충 2014-05-08. 경기 남양주시 불암산로 산들소리수목원 물푸레나무
4. 간모 2016-03-29. 서울 서초구 원터길 청계산 물푸레나무
5. 간모 2019-04-09. 경기 성남시 수정구 상적동 신구대학식물원 물푸레나무
6. 2014-04-08. 서울 강동구 상일동 명일공원 물푸레나무
7. 2014-04-12. 서울 강동구 길동 허브공원 물푸레나무

8. 2014-04-26. 서울 동대문구 회기로 홍릉수목원 물푸레나무
9. 유시약충 2014-05-08. 경기 남양주시 불암산로 산들소리수목원 물푸레나무
10. 분비물에 얼룩진 잎사귀 2014-04-26. 서울 동대문구 회기로 홍릉수목원 물푸레나무
11. 유시성충 2014-04-26. 서울 동대문구 회기로 홍릉수목원 물푸레나무
12. 유시약충 2014-05-16. 제주 용강동 한라생태숲 물푸레나무

13. 유시성충 2014-05-08. 경기 남양주시 불암산로 산들소리수목원 물푸레나무
14. 어리벌레혹 2014-05-08. 경기 남양주시 불암산로 산들소리수목원 물푸레나무
15. 2014-05-16. 제주 용강동 한라생태숲 물푸레나무
16. 유시성충의 비상 2016-11-04. 경기 광주시 남종면 수청리

바. 면충아과 Eriosomatinae Baker, 1920

85. *Schlechtendalia chinensis* 오배자면충

발생시기 7-10월

서식부위 복엽의 날개부위

생태 광식성 완전생활환을 갖는다. 일차기주인 붉나무와 이차기주인 초롱이끼류(*Mnium*), 덩굴초롱이끼류(*Plagiomnium*)에서 기주전환한다. 봄에 월동란에서 부화한 간모가 붉나무의 복엽 날개에 입틀을 삽입하고 자극하여 소형의 폐쇄형 벌레혹(오배자)을 만든다. 이 벌레혹 안에서 성장을 계속한다. 가을에 붉나무가 단풍이 들면 벌레혹도 붉은색으로 변한다. 벌레혹 안에서 몇 세대 경과 후에 10월에서 11월이 되면 이주형 유시형이 만들어지고 벌레혹의 열린 틈으로 나와서 주변의 이끼류로 이주한다. 이차기주에서는 약충이 고치(繭玉, 마유다마)를 만들어 월동한다. 월동 개체는 봄에 유시산성형(alate sexupara)이 되어 붉나무로 돌아가 유성형들을 만든다. 유성형 암컷(sexual female)은 교미 후에 3주 정도를 수피 틈에서 살다가 간모 약충 1마리를 낳는다. 이때 유성형 암컷은 산란한 알이 바로 부화하는 독특한 생식법(난태생, ovoviviparous)을 보여준다. 이후로는 태생세대가 유지된다. 벌레혹인 오배자는 탄닌이 많아 한약재나 염료 등으로 이용된다.

특징 유시형의 체색은 암황록색이다. 앞날개의 날개무늬는 경분맥의 끝까지 뻗어 있다. 꽃오배자면충과 옻꽃오배자면충도 붉나무에서 벌레혹을 만든다. 꽃오배자면충은 벌레혹의 모양이 초기에는 사슴뿔 형태를 보이다가 더 복잡한 형태로 발달해 구별이 되지만 옻꽃오배자면충은 유사해서 구별이 어렵다.

기주식물 붉나무

1

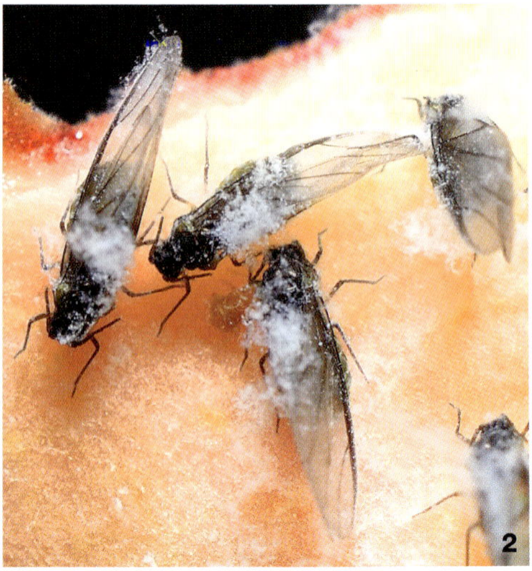
2

3

6

4

5

7

1. 유시약충 2019-09-19. 경기 포천시 소흘읍 광릉수목원로 붉나무
2. 유시성충 2019-09-25. 강원 영월군 주천면 신일리 붉나무
3. 벌레혹 2015-08-27. 경기 파주시 적성면 설마리 붉나무
4. 유시성충 2019-09-25. 강원 영월군 주천면 신일리 붉나무
5. 벌레혹 2015-08-28. 경기 연천군 신서면 고대산길 붉나무
6. 혹을 절단한 것 2015-08-27. 경기 파주시 적성면 설마리 붉나무
7. 유시성충 2019-09-25. 강원 영월군 주천면 신일리 붉나무

바. 면충아과 Eriosomatinae Baker, 1920

86. *Tetraneura nigriabdominalis* 검은배네줄면충

발생시기 5-10월

서식부위 잎(일차기주), 뿌리(이차기주)

생태 광식성 완전생활환을 갖는다. 봄에 일차기주인 느티나무 줄기에서 부화한 간모가 잎으로 이동하여 둥근 방추형이나 공모양의 벌레혹을 만들어 산다. 벌레혹 안에서 간모는 유시형을 만든다. 5월 말-7월 경에 벌레혹에 생긴 틈 사이로 유시형들이 나와 이차기주인 벼과 식물들 뿌리로 이주하여 초가을까지 서식한다. 10월에는 이차기주에서 일차기주인 느티나무로 돌아가 번식한 유성형들이 수피에 월동란을 낳는다. 이차기주에서는 개미와 공생한다.

특징 간모는 공모양이고 체색은 연한 흑녹색이다. 복부에 무늬나 뿔관은 없다. 봄의 유시형은 검은색이다. 이차기주의 뿌리에 사는 무시형은 녹색에서 연한 갈색을 띤다. 이 종이 서식하면 이차기주의 잎이 붉은 자주색으로 변하는 현상이 있다.

기주식물 당느릅나무, 비술나무, 수수, 뚝새풀, 잔디, 강아지풀, 피, 벼

1. 무시성충과 약충 2015-10-01. 경기 양평군 옥천면 용천로 강아지풀 뿌리
2. 무시성충과 약충 2015-09-11. 경북 울산 울주군 언양읍 태기리 강아지풀 뿌리
3. 2019-08-02. 강원 인제군 서화면 천도리 강아지풀 뿌리
4. 유시성충 2013-10-11. 경기 남양주시 조안면 송촌리 강아지풀
5. 검은배네줄면충에 의해 이차기주인 강아지풀 잎이 붉은색으로 변한 모습 2013-10-05. 인천 서구 환경로 국립생물자원관 강아지풀
6. 유시성충 2014-11-26. 서울 송파구 방이동 송파구 여성축구장 강아지풀 뿌리
7. 무시성충과 약충 2015-10-1. 경기 양평군 옥천면 용천로 강아지풀
8. 공생종인 개미에 의해 올라온 흙더미 2019-08-02. 강원 인제군 서화면 천도리 강아지풀
9. 개미에 둘러 쌓인 약충 2019-7-11. 서울 송파구 문정동 훼밀리근린공원 강아지풀

사. 털관진딧물아과 Greenideinae Baker, 1920

87. *Greenidea kuwanai* 털뿔진딧물

발생시기 5-11월

서식부위 신초, 잎

생태 단식성 완전생활환을 갖는다. 연중 참나무류에서 발생한다. 10-11월에 유시형 난생암컷과 유시형 수컷이 나타난다. 알로 월동한다. 개미와 공생한다.

특징 체색은 진갈색에서 흑갈색이다. 뿔관에는 다수의 긴 털이 있다. 체형은 넓은 배모양이다. 종아리마디의 중앙과 끝부위는 밝다. 끝편에는 돌기가 있다. 뿔관은 무시형보다 유시형이 더 길다.

기주식물 참나무류

1. 2015-05-29. 전남 여수시 내동길 상수리나무
2. 유시성충과 약충 2018-05-21. 서울 성동구 응봉동 응봉산 상수리나무
3. 2015-06-03. 전남 고흥군 금산면 대흥리 거금도 참나무
4. 유시성충 2019-08-20. 충남 태안군 안면읍 승언리 상수리나무
5. 유시약충 2019-08-20. 충남 태안군 안면읍 승언리 상수리나무
6. 2015-06-04. 전남 순천시 서면 수통목길 상수리나무
7. 2015-05-29. 전남 여수시 내동길 상수리나무
8. 2015-06-03. 전남 고흥군 금산면 대흥리 거금도 참나무
9. 2015-05-29. 전남 여수시 내동길 상수리나무
10. 2015-06-04. 전남 순천시 서면 수통목길 상수리나무

아. 뿔진딧물아과 Hormaphidinae Mordvilko, 1908

88. *Ceratovacuna japonica* 일본납작진딧물

발생시기 6-11월

서식부위 잎의 뒷면, 벌레혹

생태 불완전생활환을 갖는다. 연중 조릿대류에서 생활하는 계통과 조릿대류와 때죽나무를 기주전환하는 2계통이 있다. 조릿대류 계통은 태생암컷으로, 때죽나무 계통은 알로 월동한다. 약충은 천적을 공격하는 병정진딧물이 있는데, 조릿대 세대에서는 천적을 뿔로 공격하는 1령 약충이, 때죽나무 세대는 입틀로 공격하는 2령 약충이 나타난다. 때죽나무에서 기주전환하는 계통은 벌레혹을 만든다.

특징 체색은 분홍빛이 도는 갈색이나 암갈색이지만 솜이나 실모양의 밀납때문에 흰색으로 보인다. 머리에는 1쌍의 뿔이 있다. 약충 시기에 이 뿔을 이용하여 천적들을 방어한다. 바둑돌부전나비의 유충은 이 진딧물을 먹고 산다.

기주식물 대나무류, 때죽나무

5

6

7

8

9

1. 무시성충 2015-04-26. 전남 완도군 노화읍 신양리 신이대
2. 2015-04-26. 전남 완도군 노화읍 신양리 신이대
3. 2015-04-26. 전남 완도군 노화읍 신양리 신이대
4. 2015-09-21. 제주 서귀포시 안덕면 창전리 신이대
5. 2015-11-04. 전남 신안군 비금면 유옥우길 비금도 신이대
6. 분비물에 의한 그을음 모습 2015-04-26. 전남 완도군 노화읍 신양리 신이대
7. 바둑돌부전나비 애벌레 2015-04-26. 전남 완도군 노화읍 신양리 신이대
8. 바둑돌부전나비 번데기 2015-04-26. 전남 완도군 노화읍 신양리 신이대
9. 바둑돌부전나비 2015-05-08. 부산 사상구 엄궁동 승학산

아. 뿔진딧물아과 Hormaphidinae Mordvilko, 1908

89. *Dermaphis autumna* 조록나무혹진딧물

발생시기 연중

서식부위 잎

생태 단식성 완전생활환을 갖는다. 상록성 활엽수인 조록나무의 잎에 벌레혹을 만들어 산다. 벌레혹 안에서 간모는 2세대 약충을 만들고 이들이 자라서 무시성충이 된다. 11월 초에 유시 산성형(sexuparae)이 벌레혹에서 출현하여 잎 뒷면에 수컷과 난생암컷을 낳는다. 이들은, 식물 눈에서 월동한 후 이듬해 3월에 간모가 될 알을 낳는다. 4월이 되면 이 알에서 간모가 태어난다. 일본에서는 벌레혹 안에서 1령 약충이 천적에 대한 방어행동 보고가 있다. 최근에 DNA 분석결과를 반영하여 기존의 *Dinipponaphis*속에서 *Dermaphis*속으로 변경하였다.

특징 유시 산성형은 머리와 가슴이 검은색이고, 복부는 노란색이다. 날개의 시맥과 날개무늬는 연한다. 벌레혹은 붉은색이다. 벌레혹의 모양은 잎 앞면은 반구형이지만 잎 뒷면은 길다란 주머니 모양이다.

기주식물 조록나무

5

6

7

8

1. 무시성충 2019-05-23. 제주 서귀포시 안덕면 안덕계곡 조록나무
2. 무시성충 2019-05-23. 제주 서귀포시 안덕면 안덕계곡 조록나무
3. 무시성충 2019-05-23. 제주 서귀포시 안덕면 안덕계곡 조록나무
4. 약충(혹을 절단한 모습) 2019-05-23. 제주 서귀포시 안덕면 안덕계곡 조록나무
5. 벌레혹 2015-09-21. 제주 서귀포시 안덕면 안덕계곡 조록나무
6. 약충(혹을 절단한 모습) 2015-09-24. 제주 연동 한라수목원 조록나무
7. 2015-09-21. 제주 서귀포시 안덕면 안덕계곡 조록나무
8. 2015-09-21. 제주 서귀포시 안덕면 안덕계곡 조록나무

아. 뿔진딧물아과 Hormaphidinae Mordvilko, 1908

90. *Neothoracaphis yanonis* 조록나무잎진딧물

발생시기 5-11월

서식부위 잎의 벌레혹(일차기주), 잎 뒷면(이차기주)

생태 광식성 완전생활환을 갖는다. 일본에서는 5월 중하순에 일차기주인 조록나무에서 이차기주인 졸참나무로 이주한다. 국내는 제주도에서 5월 하순에도 조록나무에서 후속세대가 번식하는 것을 확인하였다. 10월에는 다시 조록나무로 돌아가서 유성세대를 만든다. 알로 월동한다. 벌레혹은 황록색에서 담홍색 또는 자주빛으로, 잎의 앞면에서는 반구형이고 뒷면에서는 원추형으로 돌출한다. 벌레혹은 새잎이 펴지기 전에 간모 약충이 잎 뒷면에서 흡즙하면서 주위가 부풀어 올라 약충을 둘러싸듯이 만들어진다.

특징 일차기주의 유시형은 머리와 가슴, 더듬이가 흑색이고 복부는 암갈색이다. 시맥은 진하게 나타나며 날개무늬는 어두운 회색이다. 3-5번 더듬이마디에는 고리모양의 이차감각기가 많다. 날개를 편평하게 접는 특징이 있다. 이차기주에서 발생하는 무시형은 체색이 검지만, 등에 약간의 밀납이 있다. 뒷다리는 검은색으로 앞다리, 가운데다리와는 달리 몸 뒤쪽으로 돌출되어 나와 있다.

기주식물 조록나무, 졸참나무, 떡갈나무

1

2

3

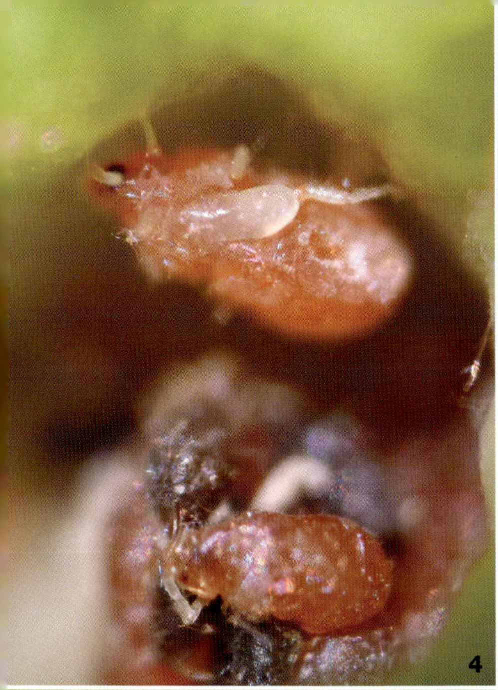

4

6

7

5

8

1. 유시성충 2019-05-23. 제주 서귀포시 안덕계곡 조록나무
2. 유시성충과 유시약충 2019-05-23. 제주 서귀포시 안덕계곡 조록나무
3. 유시약충 2019-05-23. 제주 서귀포시 안덕계곡 조록나무
4. 유시약충 2019-05-23. 제주 서귀포시 안덕계곡 조록나무
5. 약충 2019-05-23. 제주 서귀포시 안덕계곡 조록나무
6. 벌레혹 2019-05-23. 제주 서귀포시 안덕계곡 조록나무
7. 유시성충 2019-05-23. 제주 서귀포시 안덕계곡 조록나무
8. 2019-05-23. 제주 서귀포시 안덕계곡 조록나무

자. 왕진딧물아과 Lachninae Herrich-Schaeffer, 1854

91. *Cinara longipennis* 전나무왕진딧물

발생시기 4-10월

서식부위 줄기

생태 단식성 완전생활환을 갖는다. 봄에 큰 전나무류의 줄기와 어린나무의 묵은 가지에서 대발생하며, 여름에는 무시형이 뿌리로 이동한다. 유성형은 10월 하순에 나타난다. 대량발생기에는 이 종들이 분비한 감로로 인해 땅이 축축할 정도이다. 알로 월동한다.

특징 성충은 크기가 6-7 mm로 대형이다. 체색은 흑갈색에서 검은색으로 배의 가장자리에 흰 밀납이 약간 있다. 다리는 검은색이며 종아리마디의 기부는 연한 갈색을 띤다. 더듬이는 몸길이보다 짧다. 뿔관은 납작하며 넓은 뿔관융기물 위에 있다. 끝편은 짧고 반원형이다.

기주식물 전나무, 구상나무, 일본전나무

1

2

3

4

1. 무시성충 2014-10-19. 강원 정선군 사북읍 지장천로 전나무
2. 무시성충 2014-10-17. 강원 정선군 고한읍 고토일길 전나무
3. 2014-03-15. 서울 광진구 광장동 아차산 전나무
4. 유시성충 2014-10-17. 강원 정선군 고한읍 고토일길 전나무
5. 2014-10-18. 강원 정선군 고한읍 고한리 함백산 전나무
6. 간모 2014-02-24. 서울 성동구 성수동 서울숲 전나무
7. 알 2014-10-18. 강원 정선군 고한읍 고한리 함백산 전나무
8. 알에서 깨어나는 간모 2014-02-24. 서울 성동구 성수동 서울숲 전나무
9. 무시성충의 새끼낳기 2015-04-10. 경기 과천시 뒷골로 선바위역 전나무

자. 왕진딧물아과 Lachninae Herrich-Schaeffer, 1854

92. *Cinara pinidensiflorae* 소나무왕진딧물

발생시기 4-11월

서식부위 1-2년생 가지

생태 단식성 완전생활환을 갖는다. 10-11월에 유성형이 나타난다. 알로 월동한다.

특징 체색은 검은 적갈색이고 밀납으로 만들어진 은빛 무늬가 등에 있다. 뿔관은 구멍 모양으로 검고 털이 많은 융기물 위에 있다. 더듬이는 몸길이의 1/2보다 작다. 복부 중앙에 2줄의 큰 피부판들이 있어 곰솔왕진딧물과 구별된다.

기주식물 소나무, 리기다소나무

1

2

3

1. 무시성충과 약충 2014-10-28. 경기 오산시 청학로 물향기수목원 소나무
2. 유시수컷 2016-11-10. 경기 양평군 신원리 소나무 소나무
3. 무시성충 2019-05-14. 전남 고흥군 금산면 대흥리 소나무
4. 2015-10-20. 경북 청송군 부동면 공원길 주왕산 소나무
5. 2016-11-10. 경기 양평군 신원리 소나무 소나무
6. 짝짓기 2016-11-10. 경기 양평군 신원리 소나무 소나무
7. 알 2016-11-10. 경기 양평군 신원리 소나무 소나무

자. 왕진딧물아과 Lachninae Herrich-Schaeffer, 1854

93. *Cinara fresai* 향나무왕진딧물

발생시기 5-11월

서식부위 잎, 신초, 가지

생태 단식성 불완전생활환을 갖는다. 유성형들은 보고되지 않았다. 개미와 공생한다.

특징 체색은 분홍빛이 도는 회색부터 어두운 갈회색이다. 각 복부마디에 흰 밀납이 있다. 가슴과 복부 앞쪽 마디에 거꾸로 된 'V'형의 무늬가 있다. 유시형은 드물게 나타난다.

기주식물 향나무

1 2 3 4

5

6

7

8

9

1. 무시성충 2015-06-02. 전남 고흥군 도양읍 소록선창길 소록도 향나무
2. 무시성충 2019-05-22. 제주 서귀포시 올레길 6코스 눈향나무
3. 무시성충과 약충 2019-05-22. 제주 서귀포시 올레길 6코스 눈향나무
4. 유시성충 2015-05-15. 경남 거제시 계룡로 계룡산 눈향나무
5. 2015-05-08. 부산 사상구 엄궁동 승학산 눈향나무
6. 2014-10-06. 강원 영월군 남면 영월로 향나무
7. 2015-06-05. 전남 순천시 와룡동 향나무
8. 2015-06-05. 전남 순천시 와룡동 향나무
9. 수컷 2014-10-16. 경북 울진군 울진읍 연지리 향나무

자. 왕진딧물아과 Lachninae Herrich-Schaeffer, 1854

94. *Cinara tujafilina* 측백왕진딧물

발생시기 5-10월

서식부위 잎, 신초, 가지

생태 단식성 완전생활환을 갖는다. 한여름에는 기주식물의 뿌리로 이동하여 서식한다. 외국에서는 뿌리에서 성체로 월동하는 경우가 많은데 국내에서는 잎에서 알로 월동한다.

특징 체색은 적갈색으로 가지에 있으면 잘 위장되어 구분하기 어렵지만, 녹색 잎에서는 쉽게 찾는다. 등에 연한 밀납이 있으며, 머리부터 뿔관쪽으로 분지되어 나가는 진한 갈색의 무늬가 있다. 뿔관은 뿔관융기물 위에 있다. 측백나무에 서식하는 유사종인 측백초록왕진딧물은 체색이 녹색이라서 쉽게 구별된다.

기주식물 측백나무

1. 무시성충 2013-08-16. 서울 성동구 성수동 서울숲 측백나무
2. 2014-05-01. 전남 완도군 완도읍 화흥리 측백나무
3. 2015-08-05. 충남 홍성군 홍북면 상하리 측백나무
4. 유시성충 2013-09-12. 경기 양평군 양서면 부용리 측백나무
5. 2014-05-27. 경북 울릉군 울릉읍 저동리 측백나무
6. 산란형 암컷과 알 2015-11-11. 경기 수원시 장안구 광교산로 측백나무
7. 2014-08-07. 강원 화천군 사내면 광덕리 측백나무
8. 2014-05-27. 경북 울릉군 울릉읍 저동리 측백나무
9. 수컷 2019-11-22. 서울 광진구 광장로 아차산 측백나무

자. 왕진딧물아과 Lachninae Herrich-Schaeffer, 1854

95. *Schizolachnus orientalis* 가루왕진딧물

발생시기 10-11월

서식부위 잎

생태 단식성 완전생활환을 갖는다. 유성형은 10-11월에 나타난다. 기주식물의 침엽에서 열을 지어 흡즙한다. 알로 월동한다.

특징 체색은 황갈색이며, 몸에 솜모양의 흰 밀납을 뒤집어 쓰고 있다.

기주식물 소나무

4

6

7

5

8

1. 무시성충 2015-10-20.경북 청송군 부동면 공원길 주왕산 소나무
2. 유시성충 2015-10-20. 경북 청송군 부동면 공원길 주왕산 소나무
3. 무시성충 2014-09-15. 충남 태안군 안면읍 승언리 방포해수욕장 소나무
4. 2014-09-16. 충남 태안군 안면읍 승언리 안면도자연휴양림 소나무
5. 2015-10-20. 경북 청송군 부동면 공원길 주왕산 소나무
6. 2015-10-20. 경북 청송군 부동면 공원길 주왕산 소나무
7. 2015-10-20. 경북 청송군 부동면 공원길 주왕산 소나무
8. 알 2015-10-22. 경북 봉화군 물야면 월계길 소나무

자. 왕진딧물아과 Lachninae Herrich-Schaeffer, 1854

96. *Eulachnus pumilae* 잣나무호리왕진딧물

발생시기 5-11월

서식부위 잎

생태 단식성 완전생활환을 갖는다. 알로 월동한다.

특징 체색은 밝은 녹색에서 황녹색이다. 더듬이, 앞다리와 가운데다리의 종아리마디, 뒷다리는 검다. 몸은 길쭉한 방추형이다. 더듬이는 몸길이의 1/2보다 작다. 뿔관은 아주 작아서 구멍으로 보인다. 몸과 더듬이의 털은 짧아서 *Eulachnus*속의 다른 종들과 쉽게 구별된다.

기주식물 잣나무, 스트로브잣나무

5

6

7

8

9

1. 무시성충 2014-10-28. 경기 오산시 청학로 물향기수목원 스트로브잣나무
2. 무시성충 2014-05-09. 경기 여주시 산북면 상품리 해여림식물원 스트로브잣나무
3. 유시약충 2014-05-09. 경기 여주시 산북면 상품리 해여림식물원 스트로브잣나무
4. 유시성충 2014-05-09. 경기 여주시 산북면 상품리 해여림식물원 스트로브잣나무
5. 무시성충 2014-10-19. 강원 정선군 사북읍 지장천로 스트로브잣나무
6. 수컷 2015-11-20. 전북 무주군 부남면 상평당길 스트로브잣나무
7. 2015-05-01. 경기 포천시 소흘읍 광릉수목원로 잣나무
8. 2014-11-21. 강원 원주시 북원로 스트로브잣나무
9. 알 2013-11-30. 서울 강동구 고덕동 고덕산 잣나무

자. 왕진딧물아과 Lachninae Herrich-Schaeffer, 1854

97. *Eulachnus thunbergii* 호리왕진딧물

발생시기 3-11월

서식부위 침엽

생태 단식성 완전생활환을 갖는다. 연중 소나무류에서 발생한다. 난생암컷과 수컷은 10-11월에 출현하며 알로 월동한다. 섭식하는 침엽에서 활발하게 움직인다.

특징 체색은 진녹색에서 황록색이다. 몸은 길쭉하다. 흰 밀납이 얇게 몸을 덮고 있다.

기주식물 소나무류

1

2

3

1. 무시성충 2019-04-16. 경남 진주시 이반성면 대천리 경남수목원 소나무
2. 유시성충 2013-12-18. 인천 서구 환경로 국립생물자원관 소나무
3. 무시성충 2014-09-26. 충북 제천시 산곡동 소나무
4. 2014-09-26. 충북 제천시 산곡동 소나무
5. 짝짓기 2014-11-26. 서울 송파구 방이동 송파구여성축구장 소나무
6. 유시약충 2019-04-16. 경남 진주시 이반성면 대천리 경남수목원 소나무
7. 2019-05-14. 전남 고흥군 금산면 대흥리 소나무
8. 알 2013-11-14. 강원 영월군 영월읍 방설리 소나무

자. 왕진딧물아과 Lachninae Herrich-Schaeffer, 1854

98. *Lachnus tropicalis* 밤나무왕진딧물

발생시기 4-11월

서식부위 신초, 가지, 줄기

생태 단식성 완전생활환을 갖는다. 따뜻한 곳에서는 불완전생활환도 가능하다. 밤나무와 상수리나무 등에서 연중 발생한다. 기주식물에서 활발하게 움직인다. 개미가 만든 굴에서 살기도 한다. 늦가을에 기주식물 줄기에 대량으로 산란한다. 알로 월동한다.

특징 체색은 검은색으로 광택이 있다. 진딧물 중에서 대형종에 속한다. 약충은 광택이 없다. 유시형은 앞날개 가운데와 앞쪽 가장자리에 흰색 무늬가 있다. 뿔관은 분화구 모양이고 끝편은 반원형이다. 수컷은 유시형이고 난생암컷은 무시형이다.

기주식물 밤나무, 참나무류

1

2

3

1. 무시성충 2015-07-09. 충북 청주시 서원구 남이면 대련길 밤나무
2. 유시성충 2015-06-19. 경기 남양주시 화도읍 마석우리 밤나무
3. 무시성충과 약충 2014-04-17. 서울 강동구 길동 일자산 밤나무
4. 알에서 깨어나는 모습 2017-03-24. 경기 광주시 남한산성면 회안대로 밤나무
5. 간모 2014-03-16. 서울 강동구 고덕동 고덕산 밤나무
6. 2015-06-05. 전남 순천시 와룡동 밤나무

7. 2015-06-19. 경기 남양주시 화도읍 마석우리 밤나무
8. 2019-08-01. 강원 인제군 서화면 천도리 밤나무
9. 수컷 2014-10-24. 경기 남양주시 화도읍 천마산 밤나무

10. 밤나무 수피에 대량으로 산란한 알 2017-03-24. 경기 광주시 남한산성면 회안대로 밤나무
11. 짝짓기 2014-10-24. 경기 남양주시 화도읍 천마산 밤나무
12. 밤나무 수피에 산란한 모습 2014-10-24. 경기 남양주시 화도읍 천마산 밤나무
13. 알로 월동하는 모습 2014-01-20. 서울 강동구 명13일동 밤나무

자. 왕진딧물아과 Lachninae Herrich-Schaeffer, 1854

99. *Nippolachnus piri* 배나무왕진딧물

발생시기 5-10월

서식부위 새잎 뒷면의 중맥

생태 광식성 완전생활환을 갖는다. 이차기주인 팥배나무에서 9월 하순에서 10월 경에 일차기주인 다정큼나무, 비파나무로 돌아간다. 유성형은 11월에 나타나며 알로 월동한다. 따뜻한 곳에서는 일차기주에서 연중 발생하는 계통도 있다. 개미와 공생한다.

특징 체색은 황녹색이고, 복부 등쪽에 3개의 무늬가 있다. 몸은 길쭉한 방추형이다. 뿔관의 구멍은 크지만 길이는 아주 짧다. 끝편은 반원형으로 긴 털이 많이 있다. 다리는 가늘고 길다. 유시형은 머리와 가슴이 적갈색을 띤다. 복부 등쪽에 흰 밀납이 부분적으로 두껍게 덮고 있다.

기주식물 팥배나무, 다정큼나무, 비파나무

1. 유시성충 2015-05-29. 전남 여수시 내동길 배나무
2. 무시성충과 약충 2015-05-29. 전남 여수시 내동길 배나무
3. 유시성충 2014-04-30. 전남 완도군 완도읍 청해진서로 비파나무
4. 2014-04-30. 전남 완도군 완도읍 청해진서로 비파나무
5. 유시성충과 유시약충 2014-04-30. 전남 완도군 완도읍 청해진서로 비파나무
6. 2015-05-29. 전남 여수시 내동길 배나무
7. 2019-05-03. 충북 음성군 감곡면 왕장리 배나무

자. 왕진딧물아과 Lachninae Herrich-Schaeffer, 1854

100. *Stomaphis japonica* 참주둥이왕진딧물

발생시기 6-11월

서식부위 줄기

생태 단식성 완전생활환을 갖는다. 개미가 만든 굴 안에서 주로 생활한다. 10-11월 경에 유성형이 만들어져 교미 후에 월동란을 낳는다. 알로 월동한다.

특징 체색은 갈색으로 광택이 있으며, 간혹 밀납이 있다. 몸이 큰 대형종으로 몸길이가 8 mm인 경우도 있다. 입틀은 참나무류의 두꺼운 줄기에 꽂아서 수액을 먹기 때문에 몸길이보다 훨씬 크다. 긴 입틀 때문에 주둥이라는 이름이 붙었다.

기주식물 참나무류

1 2 3

1. 무시성충 2019-7-12. 서울 광진구 능동로 신갈나무
2. 유시성충 2019-7-12. 서울 광진구 능동로 신갈나무
3. 2019-7-12. 서울 광진구 능동로 신갈나무
4. 공생중인 개미가 만든 흙더미 2019-7-12. 서울 광진구 능동로 신갈나무
5. 짝짓기 2019-10-25. 서울 강남구 선릉로 선릉 신갈나무
6. 2019-7-12. 서울 광진구 능동로 신갈나무

자. 왕진딧물아과 Lachninae Herrich-Schaeffer, 1854

101. *Stomaphis yanonis* 주둥이왕진딧물

발생시기 5-11월

서식부위 줄기의 수피, 지제부

생태 단식성 완전생활환을 갖는다. 연중 발생한다. 팽나무나 느티나무의 수피 틈이나 개미가 만든 굴 안에서 산다. 개미와 공생한다. 5월 경에 간모가 나타나며, 유성형은 10-11월에 나온다. 교미와 산란은 개미가 만든 굴 안에서 한다. 알로 월동한다.

특징 체색은 회갈색이다. 머리는 앞가슴과 합쳐져 있고, 입틀이 몸길이보다 길다. 가을에 나오는 무시형 수컷은 작고 뿔관이 없다. 팽나무나 느티나무의 큰 줄기에서 개미가 만든 터널을 찾으면 쉽게 발견할 수 있다.

기주식물 팽나무, 느티나무

1. 무시성충 2013-08-29. 전남 신안군 흑산면 흑산도 팽나무
2. 2013-10-25. 전남 광양 백운산 팽나무
3. 유시성충 2019-05-21. 제주 국립산림과학 난대산림연구소 팽나무
4. 무시성충 2013-10-25. 전남 광양 백운산 팽나무
5. 2013-08-29. 전남 신안군 흑산면 흑산도 팽나무
6. 개미가 만든 흙더미 2013-08-29. 전남 신안군 흑산면 흑산도 팽나무
7. 수컷 2013-10-25. 전남 광양 백운산 팽나무
8. 2013-08-29. 전남 신안군 흑산면 흑산도 팽나무
9. 짝짓기 2013-10-25. 전남 광양 백운산 팽나무

자. 왕진딧물아과 Lachninae Herrich-Schaeffer, 1854

102. *Maculolachnus submacula* 장미왕진딧물

발생시기 9-11월

서식부위 줄기, 뿌리

생태 단식성 완전생활환을 갖는다. 주로 기주식물의 지제부나 지표면의 뿌리에 서식하며 줄기에서도 발견된다. 개미들이 만든 흙더미 속에서 집단이 사는 경우도 있다. 외국에서는 여름에 쥐손이풀속(*Geranium*) 식물과 눈양지꽃의 뿌리에서도 산다. 9-11월 경에 유성형이 만들어져 교미 후에 월동란을 낳는다. 개미와 공생한다.

특징 체색은 황갈색에서 암갈색이다. 중형종으로 몸길이가 3 mm 내외이다. 다리는 진갈색이지만 넓적다리마디의 기부와 종아리마디의 중간 부분은 밝다. 머리의 가운데세로홈이 잘 발달되었다.

기주식물 장미류

1 2 3 4

1. 무시성충 2014-10-19. 강원 정선군 사북읍 지장천로 장미
2. 무시성충 2014-10-19. 강원 정선군 사북읍 지장천로 장미
3. 유시성충 2014-10-19. 강원 정선군 사북읍 지장천로 장미
4. 2015-10-21. 경북 영양군 영양읍 황용길 장미
5. 짝짓기(사진중앙) 2015-10-22. 경북 영양군 영양읍 시장길 장미
6. 2015-10-21. 경북 영양군 영양읍 황용길 장미
7. 알 2014-11-18. 강원 정선군 애산리 장미
8. 2014-10-19. 강원 정선군 사북읍 지장천로 장미

자. 왕진딧물아과 Lachninae Herrich-Schaeffer, 1854

103. *Tuberlachnus salignus* 버들왕진딧물

발생시기 5-8월

서식부위 줄기, 가지

생태 단식성 불완전생활환을 갖는다. 버드나무류에서 연중 발생한다. 유성세대 없이 태생암컷으로 월동한다.

특징 체색은 흑갈색에서 암갈색이다. 몸에 흰 밀납이 약간 있다. 복부 뒤쪽 중앙에 큰 암갈색 돌기가 있다. 뿔관은 검고 분화구 모양이다. 보통 늦여름에 대발생한다.

기주식물 버드나무류

1. 무시성충 2014-11-26. 서울 송파구 방이동 송파구 여성축구장 버드나무
2. 유시약충 2014-09-30. 강원 정선군 정선읍 북실리 버드나무
3. 2019-05-29. 서울 광진구 뚝섬로 버드나무
4. 유시성충 2014-12-27. 서울 송파구 방이동 송파구 여성축구장 버드나무
5. 2014-11-26. 서울 송파구 방이동 송파구여성축구장 버드나무
6. 2014-09-30. 강원 정선군 정선읍 북실리 호랑버들
7. 진디벌 머미 2014-11-18. 강원 정선군 애산리 버드나무
8. 2016-06-09. 경기 광주시 남한산성 엄미길 버드나무
9. 2014-11-26. 서울 송파구 방이동 송파구여성축구장 버드나무

차. 잎말이진딧물아과 Mindarinae Tullgren, 1909

104. *Mindarus japonicus* 전나무잎말이진딧물

발생시기 4-6월

서식부위 잎

생태 단식성 완전생활환을 갖는다. 간모는 4월 상순에 나타나 생장하여 5월 상순에 유시형 태생암컷을 만든다. 유시형이 나중에 수컷과 난생암컷을 만들고, 이들이 교미 후에 월동란을 낳아 이듬해 봄까지 유지한다.

특징 유시형만 알려져 있다. 유시형 태생암컷은 복부가 연한 녹색이고 등에 뚜렷한 검은색 줄무늬가 있다. 뿔관은 약간 돌출한 정도로 작다. 끝편은 짧지만 기부는 넓다.

기주식물 전나무속류

1

2

3

1. 밀랍을 뒤집어 쓴 집단모습 2014-05-10. 서울 강동구 암사동 전나무
2. 무시성충 2019-05-08. 서울 동대문구 회기로 홍릉수목원 전나무
3. 2019-04-30. 서울 성동구 뚝섬로 서울숲 전나무
4. 2014-05-10. 서울 강동구 암사동 전나무
5. 유시약충 2019-05-08. 서울 동대문구 회기로 홍릉수목원 전나무
6. 밀랍을 뒤집어 쓴 집단모습 2014-05-10. 서울 강동구 암사동 전나무
7. 2019-04-30. 서울 성동구 뚝섬로 서울숲 전나무

Suborder Sternorrhyncha 진딧물아목

Superfamily Aphidoidea Latreille, 1802 진딧물상과

Family Aphididae Latreille, 1802 진딧물과

Subfamily Aiceoninae Takahashi, 1921 까마귀쪽진딧물아과

Genus *Aiceona* Takahashi, 1921 까마귀쪽진딧물속

Subgenus *Aiceona* Takahashi, 1921

Aiceona (Aiceona) japonica Takahashi, 1960 까마귀쪽진딧물

Subfamily Anoeciinae Tullgren, 1909 층층나무진딧물아과

Genus *Anoecia* Koch, 1857 층층나무진딧물속

Subgenus *Anoecia* Koch, 1857

Anoecia (Anoecia) corni (Fabricius, 1775) 검은층층나무진딧물

Anoecia (Anoecia) fulviabdominalis (Sasaki, 1899) 층층나무진딧물

Subfamily Aphidinae Latreille, 1802 진딧물아과

Tribe Aphidini Latreille, 1802 진딧물족

Subtribe Aphidina Latreille, 1802 진딧물아족

Genus *Aleurosiphon* Takahashi, 1966 명감나무잎진딧물속

Aleurosiphon smilacifoliae (Takahashi, 1921) 명감나무잎진딧물

Genus *Aphis* Linnaeus, 1758 진딧물속

Subgenus *Aphis* Linnaeus, 1758

Aphis (Aphis) angelicae Lee & Seo, 1992 바디진딧물

Aphis (Aphis) argrimoniae (Shinji, 1941) 짚신나물진딧물

Aphis (Aphis) celastrii Matsumura, 1917 노박덩굴진딧물

Aphis (Aphis) clerodendri Matsumura, 1917 누리장진딧물

Aphis (Aphis) craccae Linnaeus, 1758 등칼귀진딧물

Aphis (Aphis) craccivora Koch, 1854 아카시아진딧물

Aphis (Aphis) crinosa Paik, 1969 쥐똥나무진딧물

Aphis (Aphis) egomae Shinji, 1922 들깨진딧물

Aphis (Aphis) fabae Scopoli, 1763 잠두진딧물

Aphis (Aphis) farinosa Gmelin, 1790 버들진딧물

Aphis (Aphis) fukii Shinji, 1922 머위진딧물

Aphis (Aphis) glycines Matsumura, 1917 콩진딧물

Aphis (Aphis) gossypii Glover, 1877 목화진딧물

Aphis (Aphis) hederae Kaltenbach, 1843 제주송악진딧물

Aphis (Aphis) hederiphaga Takahashi, 1966 송악진딧물

Aphis (Aphis) horii Takahashi, 1923 딱총나무진딧물

Aphis (Aphis) hypericiphaga Pashtshenko, 1993 고추나물진딧물

Aphis (Aphis) ichigo Shinji, 1922 딸기진딧물

Aphis (Aphis) idaei van der Goot, 1912 곰딸기진딧물

Aphis (Aphis) kurosawai Takahashi, 1921 쑥진딧물

Aphis (*Aphis*) *lycopicola* (Shinji, 1941) 쉽싸리오마디진딧물
Aphis (*Aphis*) *neospiraeae* (Shinji, 1941) 붉은조팝나무진딧물
Aphis (*Aphis*) *nerii* Boyer De Fonscolombe, 1841 박주가리진딧물
Aphis (*Aphis*) *newtoni* Theobald, 1927 붓꽃진딧물
Aphis (*Aphis*) *odinae* (van der Goot, 1917) 붉나무소리진딧물
Aphis (*Aphis*) *odorikonis* Matsumura, 1917 광대수염진딧물
Aphis (*Aphis*) *patriniae* Takahashi, 1966 쥐오줌진딧물
Aphis (*Aphis*) *potentillae* Nevsky, 1929 양지꽃진딧물
Aphis (*Aphis*) *punicae* Passerini, 1863 석류진딧물
Aphis (*Aphis*) *rhamnicola* Lee, Lee & Kim, 2015 갈매나무진딧물
Aphis (*Aphis*) *rumicis* Linnaeus, 1758 소루쟁이진딧물
Aphis (*Aphis*) *sambuci* Linnaeus, 1758 딧나무진딧물
Aphis (*Aphis*) *sanguisorbicola* Takahashi, 1966 오이풀진딧물
Aphis (*Aphis*) *saussurearadicis* Pashtshenko, 1992 각시취진딧물
Aphis (*Aphis*) *sedi* Kaltenbach, 1843 기린초진딧물
Aphis (*Aphis*) *serissae* Shinji, 1922 백마골오마디진딧물
Aphis (*Aphis*) *spiraecola* Patch, 1914 조팝나무진딧물
Aphis (*Aphis*) *sugadairensis* Takahashi, 1961 타카하시진딧물
Aphis (*Aphis*) *sumire* Moritsu, 1949 제비꽃진딧물
Aphis (*Aphis*) *taraxacicola* (Brner, 1940) 민들레진딧물
Aphis (*Aphis*) *thalictri* Koch, 1854 꿩의다리진딧물
Aphis (*Aphis*) *ulmariae* Schrank, 1801 터리풀진딧물
Aphis (*Aphis*) *veroniciphaga* Kim & Lee, 2006 섬꼬리풀진딧물
Aphis (*Aphis*) *vitexicola* Kim & Lee, 2006 좀목형진딧물

Subgenus *Bursaphis* Baker, 1934
Aphis (*Bursaphis*) *oenotherae* Oestlund, 1887 달맞이꽃진딧물

Subgenus *Maculaphis* Zhang & Zhang, 2002
Aphis (*Maculaphis*) *ichigocola* Shinji, 1924 딸기오마디진딧물

Subgenus *Toxoptera* Toxoptera Koch, 1856
Aphis (*Toxoptera*) *aurantii* Boyer de Fonscolombe, 1841 탱자소리진딧물
Aphis (*Toxoptera*) *citricidus* (Kirkaldy, 1907) 귤소리진딧물

Genus *Cryptosiphum* Buckton, 1879 쑥민들진딧물속
Cryptosiphum artemisiae Buckton, 1879 쑥민들진딧물

Subtribe Rhopalrosiphina Mordvilko, 1914 테두리진딧물아족
Genus *Hyalopterus* Koch, 1854 복숭아가루진딧물속
Hyalopterus pruni (Geoffroy, 1762) 복숭아가루진딧물

Genus *Melanaphis* van der Goot, 1917 대진딧물속
Melanaphis bambusae (Fullaway, 1910) 대진딧물
Melanaphis japonica (Takahashi, 1919) 제주억새진딧물
Melanaphis koreana (Sorin, 1972) 억새진딧물

Melanaphis pyraria (Passerini, 1861) 배나무대진딧물
Melanaphis sacchari (Zehntner, 1897) 사탕수수진딧물
Melanaphis siphonella (Essig & Kuwana, 1918) 배나무긴꼬리진딧물
Melanaphis sorini Halbert & Remaudire, 2000 등무늬대알락진딧물

Genus *Rhopalosiphum* Koch, 1854 테두리진딧물속
Rhopalosiphum maidis (Fitch, 1856) 옥수수테두리진딧물
Rhopalosiphum nymphaeae (Linnaeus, 1761) 연테두리진딧물
Rhopalosiphum padi (Linnaeus, 1758) 기장테두리진딧물
Rhopalosiphum rufiabdominale (Sasaki, 1899) 붉은테두리진딧물

Genus *Schizaphis* Brner, 1931 두갈래진딧물속
Subgenus *Paraschizaphis* Hille Ris Lambers, 1947
Schizaphis (*Paraschizaphis*) *scirpi* (Passerini, 1874) 털두갈래진딧물

Subgenus *Schizaphis* Brner, 1931
Schizaphis (*Schizaphis*) *graminum* (Rondani, 1847) 보리두갈래진딧물
Schizaphis (*Schizaphis*) *jaroslavi* (Mordvilko, 1921) 북방두갈래진딧물
Schizaphis (*Schizaphis*) *minuta* (van der Goot, 1917) 꼬마두갈래진딧물
Schizaphis (*Schizaphis*) *piricola* (Matsumura, 1917) 배나무두갈래진딧물
Schizaphis (*Schizaphis*) *rotundiventris* (Signoret, 1860) 사초두갈래진딧물

Tribe Macrosiphini Wilson, 1910 수염진딧물족
Genus *Acyrthosiphon* Mordvilko, 1914 민수염진딧물속
Subgenus *Acyrthosiphon* Mordvilko, 1914
Acyrthosiphon (*Acyrthosiphon*) *gossypii* Mordvilko, 1914 목화수염진딧물
Acyrthosiphon (*Acyrthosiphon*) *kondoi* Shinji, 1938 토끼풀수염진딧물
Acyrthosiphon (*Acyrthosiphon*) *malvae* (Mosley, 1841) 아욱민수염진딧물
Acyrthosiphon (*Acyrthosiphon*) *pisum* (Harris, 1776) 완두수염진딧물

Subgenus *Liporrhinus* Brner, 1939
Acyrthosiphon (*Liporrhinus*) *chelidonii* (Kaltenbach, 1843) 애기똥풀수염진딧물

Genus *Amphicercidus* Oestlund, 1923 괴불진딧물속
Amphicercidus japonicus (Hori, 1927) 괴불진딧물

Genus *Amphorophora* Buckton, 1876 볼록진딧물속
Subgenus *Amphorophora* Buckton, 1876
Amphorophora (*Amphorophora*) *ampullata* Buckton, 1876 고사리볼록진딧물

Subgenus *Galiaphis* Ossiannilsson, 1954
Amphorophora (*Galiaphis*) *cryptotaeniae* (Takahashi, 1965) 반디나물진딧물
Amphorophora (*Galiaphis*) *japonica* (Takahashi, 1965) 일본반디나물진딧물

Genus *Aulacophoroides* Tao, 1976 좀싸리진딧물속
Aulacophoroides virgatae Szelegiewicz, 1979 좀싸리진딧물

Genus *Aulacorthum* Mordvilko, 1914 싸리수염진딧물속
Subgenus *Aulacorthum* Mordvilko, 1914
Aulacorthum (*Aulacorthum*) *albimagnoliae* Lee, 2006 목련흰수염진딧물
Aulacorthum (*Aulacorthum*) *artemisiphaga* Lee, Havelka & Lee, 2011 쑥수염진딧물
Aulacorthum (*Aulacorthum*) *asteriphagum* Lee, Kim & Lee, 2009 쑥살이수염진딧물
Aulacorthum (*Aulacorthum*) *asteris* Takahashi, 1965 아스터수염진딧물
Aulacorthum (*Aulacorthum*) *cirsicola* (Takahashi, 1923) 엉겅퀴수염진딧물
Aulacorthum (*Aulacorthum*) *corydalicola* Lee, Kim & Lee, 2009 현호색수염진딧물
Aulacorthum (*Aulacorthum*) *glechomae* Takahashi, 1965 돌단풍수염진딧물
Aulacorthum (*Aulacorthum*) *ibotum* (Essig & Kuwana, 1918) 쥐똥나무수염진딧물
Aulacorthum (*Aulacorthum*) *ixeridis* Lee, Havelka & Lee, 2009 왕고들빼기수염진딧물
Aulacorthum (*Aulacorthum*) *ligularicola* Lee, 2002 곰취수염진딧물
Aulacorthum (*Aulacorthum*) *muradachi* (Shinji, 1928) 비목나무수염진딧물
Aulacorthum (*Aulacorthum*) *nepetifolii* Miyazaki, 1968 북방수염진딧물
Aulacorthum (*Aulacorthum*) *solani* (Kaltenbach, 1843) 싸리수염진딧물
Aulacorthum (*Aulacorthum*) *vandenboschi* Hille Ris Lambers, 1967 검은다리엉겅퀴수염진딧물

Subgenus *Perillaphis* Takahashi, 1965
Aulacorthum (*Perillaphis*) *perillae* (Shinji, 1924) 박하수염진딧물

Genus *Brachycaudus* van der Goot, 1913 살구동글밑진딧물속
Subgenus *Brachycaudus* van der Goot, 1913
Brachycaudus (*Brachycaudus*) *helichrysi* (Kaltenbach, 1843) 자두동글밑진딧물

Genus *Brachycorynella* (Mordvilko, 1929) 아스파라가스진딧물속
Brachycorynella asparagi (Mordvilko, 1929) 아스파라거스진딧물

Genus *Brachysiphoniella* Takahashi, 1921 산꼬부랑진딧물속
Brachysiphoniella montana (van der Goot, 1917) 산꼬부랑진딧물

Genus *Brevicoryne* van der Goot, 1915 양배추가루진딧물속
Brevicoryne brassicae (Linnaeus, 1758) 양배추가루진딧물

Genus *Capitophorus* van der Goot, 1913 못털진딧물속
Capitophorus cirsiiphagus Takahashi, 1961 엉겅퀴못털진딧물
Capitophorus elaeagni (Del Guercio, 1894) 여뀌못털진딧물
Capitophorus formosartemisiae (Takahashi, 1921) 대만쑥못털진딧물
Capitophorus javanicus javanicus Hille Ris Lambers, 1953 자바못털진딧물

Genus *Carolinaia* Wilson, 1911 골풀혹진딧물속
Subgenus *Juncomyzus* Hille Ris Lambers, 1965
Carolinaia (*Juncomyzus*) *floris* (Miyazaki, 1972) 골풀꽃진딧물
Carolinaia (*Juncomyzus*) *obscurus* (Hille Lis Lambers, 1965) 골풀혹진딧물

Genus *Cavariella* Del Guercio, 1911 쌍꼬리진딧물속
Subgenus *Cavariella* Del Guercio, 1911
Cavariella (*Cavariella*) *angelicae* (Matsumura, 1918) 바디나물쌍꼬리진딧물

Cavariella (*Cavariella*) *aquatica* (Gillette & Bragg, 1916) 궁궁이진딧물
Cavariella (*Cavariella*) *araliae* Takahashi, 1921 두릅쌍꼬리진딧물
Cavariella (*Cavariella*) *gilibertiae* Takahashi, 1961 쌍꼬리진딧물
Cavariella (*Cavariella*) *japonica* (Essig & Kuwana, 1918) 일본쌍꼬리진딧물
Cavariella (*Cavariella*) *konoi* Takahashi, 1939 기름나물쌍꼬리진딧물
Cavariella (*Cavariella*) *nipponica* Takahashi, 1961 미나리아재비쌍꼬리진딧물
Cavariella (*Cavariella*) *salicicola* (Matsumura, 1917) 버들쌍꼬리진딧물

Subgenus *Cavariellinepicauda* Ivanovskaja 1980
Cavariella (*Cavariellinepicauda*) *heraclei* Takahashi, 1961 어수리쌍꼬리진딧물
Cavariella (*Cavariellinepicauda*) *oenanthi* (Shinji, 1922) 미나리쌍꼬리진딧물
Cavariella (*Cavariellinepicauda*) *sapporoensis* Takahashi, 1961 천남성쌍꼬리진딧물

Genus *Chaetosiphon* Mordvilko, 1914 애못털진딧물속
Subgenus *Pentatrichopus* Brner, 1930
Chaetosiphon (*Pentatrichopus*) *coreanum* (Paik, 1965) 해당화못털진딧물
Chaetosiphon (*Pentatrichopus*) *minor* (Forebes, 1884) 애못털진딧물

Genus *Clypeoaphis* Soliman, 1937 나문재진딧물속
Clypeoaphis suaedae (Mimeur, 1934) 나문재진딧물

Genus *Codonopsimyzus* Lee, 2002 사삼수염진딧물속
Codonopsimyzus sasammi Lee, 2002 사삼수염진딧물

Genus *Coloradoa* Wilson, 1910 부채털진딧물속
Coloradoa campestrella Ossiannilsson, 1959 쑥부채털진딧물
Coloradoa rufomaculata (Wilson, 1908) 부채털진딧물

Genus *Cryptaphis* Hille Ris Lambers, 1947
Cryptaphis geranicola (Shinji, 1935) 쥐손이풀진딧물
Cryptaphis menthae Takahashi, 1961 꿀풀진딧물

Genus *Cryptomyzus* Wilson, 1910 까마귀밥진딧물속
Subgenus *Cryptomyzus* Oestlund, 1923
Cryptomyzus (*Cryptomyzus*) *ribis* (Linnaeus, 1758) 까마귀밥못털진딧물
Cryptomyzus (*Cryptomyzus*) *taoi* Hille Ris Lambers, 1963 까마귀밥진딧물

Genus *Delphiniobium* Mordvilko, 1914 투구꽃진딧물속
Delphiniobium hanla Paik, 1971 투구꽃진딧물

Genus *Diphorodon* Passerini, 1860
Diphorodon cannabis (Passerini, 1860) 사마귀진딧물

Genus *Dysaphis* Brner, 1931 질경이동글밑진딧물속
Subgenus *Dysaphis* Brner, 1931
Dysaphis (*Dysaphis*) *rumecicola rumecicola* (Hori, 1927) 소리쟁이동글밑진딧물

Subgenus *Pomaphis* Brner, 1939
Dysaphis (*Pomaphis*) *plantaginea* (Passerini, 1860) 질경이동글밑진딧물

Genus *Eumyzus* Shinji, 1929 봉선화혹진딧물속
Eumyzus impatiensae Shinji, 1924 봉선화혹진딧물

Genus *Hayhurstia* Del Guercio, 1917 명아주진딧물속
Hayhurstia atriplicis (Linnaeus, 1761) 명아주진딧물

Genus *Hyadaphis* Kirkardy, 1904 박새진딧물속
Hyadaphis mongolica Szelegiewicz, 1969 박새진딧물

Genus *Hydaphias* Brner, 1930 갈퀴덩굴진딧물속
Hydaphias hofmanni Brner, 1950 갈퀴덩굴진딧물

Genus *Hydronaphis* Shinji, 1922
Hydronaphis impatiens Shinji, 1922 봉선화뿌리수염진딧물

Genus *Hypermyzus* Brner, 1933 씀바귀볼록진딧물속
Hyperomyzus (*Hyperomyzus*) *carduellinus* (Theobald, 1915) 씀바귀볼록진딧물
Hyperomyzus (*Hyperomyzus*) *lactucae* (Linnaeus, 1758) 까치밥볼록진딧물

Genus *Idiopterus* Davis, 1909
Idiopterus nephrelepidis Davis, 1909 고사리수염진딧물

Genus *Illinoia* Wilson, 1910
Illinoia (*Illinoia*) *goldamaryae* Knowlton, 1938 개망초수염진딧물
Illinoia (*Illinoia*) *liriodendri* (Monell, 1879)

Genus *Impatientinum* Mordvilko, 1914 봉선화진딧물속
Subgenus *Impatientinum* Mordvilko, 1914
Impatientinum (*Impatientinum*) *balsamines* Kaltenbach, 1862 물봉선수염진딧물
Impatientinum (*Impatientinum*) *impatiens* (Shinji, 1922) 봉선화수염진딧물

Genus *Indomegoura* Hille Ris Lambers, 1958 인도볼록진딧물속
Indomegoura indica (van der Goot, 1916) 인도볼록진딧물
Indomegoura nigrotibiae (Tao, 1963) 꼬마볼록진딧물

Genus *Lipaphis* Mordvilko, 1928 무테두리진딧물속
Subgenus *Lipaphis* Mordvilko, 1928
Lipaphis (*Lipaphis*) *erysimi* (Kaltenbach, 1843) 겨자테두리진딧물
Lipaphis (*Lipaphis*) *pseudobrassicae* (Davis, 1914) 무테두리진딧물

Genus *Longicaudus* van der Goot, 1913 긴꼬리진딧물속
Longicaudus trirhodus (Walker, 1849) 긴꼬리진딧물

Genus *Macchiatiella* Del Guercio, 1909 호장진딧물속
Macchiatiella itadori (Shinji, 1924) 호장진딧물

Genus *Macromyzella* Takahashi, 1921 고사리혹진딧물속
Macromyzella polypodicola (Takahashi, 1921) 고사리혹진딧물

Genus *Macromyzus* Takahashi, 1960 고비수염진딧물속
Subgenus *Macromyzus* Takahashi, 1960
Macromyzus (*Macromyzus*) *woodwardiae* (Takahashi, 1921) 고비수염진딧물

Genus *Macrosiphoniella* Del Guercio, 1911 꼬마수염진딧물속
Subgenus *Asterobium* Hille Ris Lambers, 1938
Macrosiphoniella (*Asterobium*) *asteris* (Walker, 1849) 갯개미취꼬마수염진딧물
Macrosiphoniella (*Asterobium*) *ixeridis* Holman, Lee & Havelka, 2006 씀바귀꼬마수염진딧물
Macrosiphoniella (*Asterobium*) *yomenae* (Shinji, 1922) 아스터꼬마수염진딧물

Subgenus *Chosoniella* Szelegiewicz, 1980
Macrosiphoniella (*Chosoniella*) *myohyangsani* Szelegiewicz, 1980 묘향산꼬마수염진딧물

Subgenus *Macrosiphoniella* Del Guercio, 1911
Macrosiphoniella (*Macrosiphoniella*) *abrotani* (Walker, 1852) 우리쑥꼬마수염진딧물
Macrosiphoniella (*Macrosiphoniella*) *atra* (Ferrari, 1872) 더위지기꼬마수염진딧물
Macrosiphoniella (*Macrosiphoniella*) *capillaricola* Holman, Lee & Havelka, 2006 사철쑥꼬마수염진딧물
Macrosiphoniella (*Macrosiphoniella*) *formosartemisiae* Takahashi, 1921 대만꼬마수염진딧물
Macrosiphoniella (*Macrosiphoniella*) *hokkaidensis* Miyazaki, 1971 북해도꼬마수염진딧물
Macrosiphoniella (*Macrosiphoniella*) *jaroslavi* Szelegiewicz, 1980 홀만꼬마수염진딧물
Macrosiphoniella (*Macrosiphoniella*) *kikungshana* Takahashi, 1937 긴털꼬마수염진딧물
Macrosiphoniella (*Macrosiphoniella*) *oronensis* Szelegiewicz, 1980 함흥꼬마수염진딧물
Macrosiphoniella (*Macrosiphoniella*) *pseudoartemisiae* Shinji, 1933 쑥붙이꼬마수염진딧물
Macrosiphoniella (*Macrosiphoniella*) *pseudotanacetaria* Holman, Lee & Havelka, 2006 닮은꼬마수염진딧물
Macrosiphoniella (*Macrosiphoniella*) *sanborni* (Gillette, 1908) 국화꼬마수염진딧물
Macrosiphoniella (*Macrosiphoniella*) *taesongsanensis* Szelegiewicz, 1980 대성산꼬마수염진딧물
Macrosiphoniella (*Macrosiphoniella*) *yomogifoliae* (Shinji, 1922) 쑥잎꼬마수염진딧물

Subgenus *Papillomyzus* Szelegiewicz, 1963
Macrosiphoniella (*Papillomyzus*) *confusa* Holman, Lee & Havelka, 2006 혼동꼬마수염진딧물

Subgenus *Phalangomyzus* Brner, 1939
Macrosiphoniella (*Phalangomyzus*) *antennata* Holman & Szelegiewicz, 1978 쑥국화꼬마수염진딧물
Macrosiphoniella (*Phalangomyzus*) *gmelinicola* Szelegiewicz, 1980 고구려쑥꼬마수염진딧물
Macrosiphoniella (*Phalangomyzus*) *grandicauda* Takahashi & Moritsu, 1963 꼬리꼬마수염진딧물
Macrosiphoniella (*Phalangomyzus*) *oblonga* Mordvilko, 1901 긴꼬마수염진딧물
Macrosiphoniella (*Phalangomyzus*) *pallidipes* Holman, Lee & Havelka, 2006 흰다리꼬마수염진딧물
Macrosiphoniella (*Phalangomyzus*) *similioblonga* Zhang, 1980 원산긴꼬마수염진딧물

Subgenus *Sinosiphoniella* Tao, 1963
Macrosiphoniella (*Sinosiphoniella*) *chaetosiphon* Takahashi & Moritsu, 1963 털관꼬마수염진딧물

Macrosiphoniella (*Sinosiphoniella*) *hikosanensis* Moritsu, 1949 남방꼬마수염진딧물
Macrosiphoniella (*Sinosiphoniella*) *kuwayamai* Takahashi, 1941 뾰족꼬마수염진딧물
Macrosiphoniella (*Sinosiphoniella*) *yomogicola* (Matsumura, 1917) 쑥꼬마수염진딧물

Genus *Macrosiphum* Passerini, 1860 수염진딧물속
Subgenus *Macrosiphum* Passerini, 1860
Macrosiphum (*Macrosiphum*) *clematifoliae* Shinji, 1924 사위질빵수염진딧물
Macrosiphum (*Macrosiphum*) *cornifoliae* Shinji, 1924 말채나무수염진딧물
Macrosiphum (*Macrosiphum*) *euphorbiae* (Thomas, 1878) 감자수염진딧물
Macrosiphum (*Macrosiphum*) *mordvilkoi* Miyazaki, 1968 해당화수염진딧물
Macrosiphum (*Macrosiphum*) *paektusani* Lee & Havelka, 2009 백두수염진딧물

Subgenus *Unisitobion* Takahashi, 1961
Macrosiphum (*Unisitobion*) *corylicola* Shinji, 1930 개암나무수염진딧물
Macrosiphum (*Unisitobion*) *perillae* (Zhang, 1988) 산박하수염진딧물
Macrosiphum (*Unisitobion*) *sorbi* Matsumura, 1918 쉬땅나무수염진딧물

Genus *Matsumuraja* Schumacher, 1921 뿔수염진딧물속
Matsumuraja rubi (Matsumura, 1918) 뿔수염진딧물
Matsumuraja rubifoliae Takahashi, 1931 장딸기수염진딧물

Genus *Megoura* Buckton, 1876 싸리볼록진딧물속
Megoura crassicauda Mordvilko, 1919 긴꼬리볼록진딧물
Megoura lespedezae (Essig & Kuwana, 1918) 싸리볼록진딧물
Megoura nigra Lee, 2002 광릉볼록진딧물

Genus *Meguroleucon* Miyazaki, 1971 더덕수염진딧물속
Meguroleucon codonopsicola Miyazaki, 1971 더덕수염진딧물

Genus *Micromyzodium* David 1958
Micromyzodium kuwakusae (Uye, 1924)
Micromyzodium nipponicum (Moritsu, 1949)

Genus *Micromyzus* van der Goot, 1917 병꽃나무혹진딧물속
Micromyzus diervillae (Matsumura, 1918) 병꽃나무혹진딧물

Genus *Muscaphis* Brner, 1933 이끼진딧물속
Muscaphis escherichi Brner, 1939 이끼진딧물
Muscaphis stroyani (Smith, 1980) 산사이끼진딧물

Genus *Myzus* Passerini, 1860 혹진딧물속
Subgenus *Myzus* Passerini, 1860
Myzus (*Myzus*) *asterale* (Choi et al., 1919)
Myzus (*Myzus*) *boehmeriae* Takahashi, 1923 모시풀흰수염진딧물
Myzus (*Myzus*) *cerasi* (Fabricius, 1775) 매화혹진딧물
Myzus (*Myzus*) *umefoliae umefoliae* (Shinji, 1924) 검은벚혹진딧물
Myzus (*Myzus*) *dycei* Carver, 1961 비술나무혹진딧물

Myzus (*Myzus*) *fataunae* Shinji, 1924 뽕모시풀혹진딧물
Myzus (*Myzus*) *hemerocallis* Takahashi, 1921 원추리진딧물
Myzus (*Myzus*) *isodonis* (Takahashi, 1965) 산박하진딧물
Myzus (*Myzus*) *japonensis* Miyazaki, 1968 일본혹진딧물
Myzus (*Myzus*) *lythri* (Schrank, 1801) 부처꽃혹진딧물
Myzus (*Myzus*) *mushaensis* Takahashi, 1931 왕벚나무혹진딧물
Myzus (*Myzus*) *padellus* Hille Ris Lambers & Rogerson, 1946 백두혹진딧물
Myzus (*Myzus*) *philadelphi* Takahashi, 1965 고광나무혹진딧물
Myzus (*Myzus*) *prunense* (Choi et al., 1919)
Myzus (*Myzus*) *siegesbeckiae* Takahashi, 1965 벚나무노랑혹진딧물
Myzus (*Myzus*) *siegesbeckicola* Strand, 1929 진득찰혹진딧물
Myzus (*Myzus*) *varians* Davidson, 1912 검은마디혹진딧물

Subgenus *Nectarosiphon* Schouteden, 1901
Myzus (*Nectarosiphon*) *asteriae* Shinji, 1941 해국혹진딧물
Myzus (*Nectarosiphon*) *lactucicola* Takahashi, 1934 씀바귀혹진딧물
Myzus (*Nectarosiphon*) *persicae* (Sulzer, 1776) 복숭아혹진딧물
Myzus (*Nectarosiphon*) *raphanense* (Choi et al., 1919)
Myzus (*Nectarosiphon*) *stellariae* (Strand, 1929)

Genus *Neomyzus* van der Goot, 1915
Neomyzus circumflexum (Buckton, 1876) 시크라멘혹진딧물

Genus *Neorhopalomyzus* Tao, 1963 괴불볼록진딧물속
Neorhopalomyzus lonicericola (Takahashi, 1921) 괴불볼록진딧물

Genus *Neotoxoptera* Theobald, 1915 파혹진딧물속
Neotoxoptera abeliae Takahashi, 1965 댕강나무진딧물
Neotoxoptera formosana (Takahashi, 1921) 파혹진딧물
Neotoxoptera oliveri (Essig, 1935) 몽둥이혹진딧물
Neotoxoptera violae (Pergande, 1900) 제비꽃혹진딧물
Neotoxoptera weigeliae Lee & Seo, 1990 병꽃검은맥혹진딧물

Genus *Ovatus* van der Goot, 1913 박하혹진딧물속
Subgenus *Ovatus* van der Goot, 1913
Ovatus (*Ovatus*) *crataegarius* (Walker, 1850) 박하혹진딧물
Ovatus (*Ovatus*) *insitus* (Walker, 1849) 야광나무진딧물
Ovatus (*Ovatus*) *malisuctus* (Matsumura, 1918) 사과혹진딧물

Genus *Paramyzus* Brner, 1933 어수리혹진딧물속
Paramyzus heraclei Brner, 1933 어수리혹진딧물

Genus *Phorodon* Passerini, 1860 사마귀진딧물속
Phorodon humuli japonensis Takahashi, 1965 홉사마귀진딧물

Genus *Pleotrichophorus* Brner, 1930 가는못털진딧물속
Pleotrichophorus chrysanthemi (Theobald, 1920) 가는못털진딧물

Pleotrichophorus glandulosus (Kaltenbach, 1846) 쑥못털진딧물

Genus *Plocamaphis* Oestlund, 1923 버들흰진딧물속
Plocamaphis coreana (Okamoto & Takahashi, 1927) 버들흰진딧물

Genus *Pseudomegoura* Shinji, 1922
Pseudomegoura magnoliae (Essig & Kuwana, 1918) 목련볼록진딧물
Pseudomegoura nipponica (Essig & Kuwana, 1918) 일본볼록진딧물

Genus *Pterocomma* 버들가지진딧물속
Pterocomma pilosum Buckton, 1879 진버들흰진딧물
Pterocomma salijaponica (Shinji, 1924) 일본버들흰진딧물

Genus *Rhodobium* Hille Ris Lambers, 1947 양딸기수염진딧물속
Rhodobium porosum (Sanderson, 1900) 양딸기수염진딧물

Genus *Rhopalosiphoninus* 병진딧물속
Subgenus *Rhopalosiphoninus*
Rhopalosiphoninus (*Rhopalosiphoninus*) *tiliae* (Matsumura, 1918) 병진딧물

Genus *Sappaphis* Matsumura, 1918 배나무둥글밑진딧물속
Sappaphis piri Matsumura, 1918 배나무동글밑진딧물

Genus *Semiaphis* van der Goot, 1913 꼬부랑진딧물속
Semiaphis heraclei (Takahashi, 1921) 꼬부랑진딧물

Genus *Shinjia* Takahashi, 1938 고사리진딧물속
Shinjia orientalis (Mordvilko, 1929) 고사리진딧물

Genus *Sinomegoura* Takahashi, 1960 귤수염진딧물속
Sinomegoura citricola (van der Goot, 1917) 귤수염진딧물

Genus *Sitobion* Mordvilko, 1914 보리수염진딧물속
Subgenus *Sitobion* Mordvilko, 1914
Sitobion (*Sitobion*) *avenae* (Fabricius, 1775) 보리수염진딧물
Sitobion (*Sitobion*) *ibarae* (Matsumura, 1917) 찔레수염진딧물
Sitobion (*Sitobion*) *kamtshaticum* (Mordvilko, 1919) 산딸기수염진딧물
Sitobion (*Sitobion*) *smilacicola* (Takahashi, 1924) 청미래수염진딧물
Sitobion (*Sitobion*) *smilacifoliae* (Takahashi, 1921) 명감수염진딧물

Genus *Sorbaphis* Shaposhnikov, 1950 곰취진딧물속
Sorbaphis chaetosiphon Shaposhnikov, 1950 곰취진딧물

Genus *Staticobium* Mordvilko, 1914 갯질경이진딧물속
Staticobium loochooense (Takahashi, 1939) 갯질경이진딧물

Genus *Taiwanomyzus* Tao, 1963 대만혹진딧물속
Taiwanomyzus montanus (Takahashi, 1925) 대만혹진딧물

Genus *Titanosiphon* Nevsky, 1928 타이탄진딧물속
Titanosiphon neoartemisiae (Takahashi, 1921) 타이탄진딧물

Genus *Trichosiphonaphis* Takahashi, 1923 털관혹진딧물속
Subgenus *Trichosiphonaphis* Takahashi, 1922
Trichosiphonaphis (*Trichosiphonaphis*) *lonicerae* (Uye, 1923) 괴불털관혹진딧물
Trichosiphonaphis (*Trichosiphonaphis*) *polygoniformosana* (Takahashi, 1921) 털관혹진딧물

Subgenus *Xenomyzus* Aizenberg, 1935
Trichosiphonaphis (*Xenomyzus*) *polygoni* (van der Goot, 1917) 꼬마여뀌진딧물
Trichosiphonaphis (*Xenomyzus*) *polygonifoliae* (Shinji, 1944) 여뀌털관혹진딧물

Genus *Tshernovaia* Holman & Szelegiewicz, 1964 쌍꼬리수염진딧물속
Tshernovaia adenophorae Holman & Szelegiewicz, 1964 쌍꼬리수염진딧물

Genus *Tubaphis* Hille Ris Lambers, 1947 할미질빵혹진딧물속
Tubaphis clematophila Takahashi, 1965 할미질빵혹진딧물

Genus *Tuberocephalus* Lansania, 1929 잎혹진딧물속
Subgenus *Trichosiphoniella* Shinji, 1929
Tuberocephalus (*Trichosiphoniella*) *higansakurae* (Monzen, 1927) 고창벚잎혹진딧물
Tuberocephalus (*Trichosiphoniella*) *liaoningensis* Zhang & Zhong, 1976 만주잎혹진딧물
Tuberocephalus (*Trichosiphoniella*) *misakurae* Moritsu & Hamasaki, 1983 모리츠잎혹진딧물
Tuberocephalus (*Trichosiphoniella*) *momonis* (Matsumura, 1917) 복숭아잎혹진딧물
Tuberocephalus (*Trichosiphoniella*) *sakurae* (Matsumura, 1917) 벚잎혹진딧물

Subgenus *Tuberocephalus* Shinji, 1929
Tuberocephalus (*Tuberocephalus*) *artemisiae* Shinji, 1929 쑥잎혹진딧물
Tuberocephalus (*Tuberocephalus*) *sasakii* (Matsumura, 1917) 사사키잎혹진딧물

Genus *Uroleucon* Mordvilko, 1914 흰끝수염진딧물속
Subgenus *Lambersius* Olive, 1965
Uroleucon (*Lambersius*) *erigeronense* (Thomas, 1878) 망초수염진딧물

Subgenus *Uroleucon* Mordvilko, 1914
Uroleucon (*Uroleucon*) *asteriae* Lee, Holman & Hvelka, 2002 벌개미취수염진딧물
Uroleucon (*Uroleucon*) *cichorii* (Koch, 1855) 치커리수염진딧물
Uroleucon (*Uroleucon*) *exiguum* Lee, Holman & Hvelka, 2002 꼬마흰끝수염진딧물
Uroleucon (*Uroleucon*) *formosanum* (Takahashi, 1921) 대만수염진딧물
Uroleucon (*Uroleucon*) *fuchuense* (Shinji, 1942) 참취수염진딧물
Uroleucon (*Uroleucon*) *Jejuni* (Choi et al., 2019)
Uroleucon (*Uroleucon*) *kikioense* (Shinji, 1942) 도라지수염진딧물
Uroleucon (*Uroleucon*) *leontopodiicola* Lee, Holman & Hvelka, 2002 솜다리꽃수염진딧물
Uroleucon (*Uroleucon*) *monticola* (Takahashi, 1935) 산수염진딧물
Uroleucon (*Uroleucon*) *picridis* (Fabricius, 1775) 모련채수염진딧물
Uroleucon (*Uroleucon*) *seneciocola* (Paik, 1956) 솜방망이수염진딧물
Uroleucon (*Uroleucon*) *sonchi* (Linnaeus, 1767) 방가지똥수염진딧물

Subgenus *Uromelan* Mordvilko, 1914
Uroleucon (*Uromelan*) *adenophorae* (Matsumura, 1918) 잔대흰끝수염진딧물
Uroleucon (*Uromelan*) *amamianum* (Takahashi, 1930) 마타리수염진딧물
Uroleucon (*Uromelan*) *cephalonopli* (Takahashi, 1962) 지칭개수염진딧물
Uroleucon (*Uromelan*) *chrysanthemicola* (Choi et al., 2019)
Uroleucon (*Uromelan*) *giganteum* (Matsumura, 1918) 왕수염진딧물
Uroleucon (*Uromelan*) *gobonis* (Matsumura, 1917) 우엉수염진딧물
Uroleucon (*Uromelan*) *lactucicola* (Strand, 1929) 씀바귀수염진딧물

Genus *Vesiculaphis* Del Guercio, 1911 담뱃대진딧물속
Vesiculaphis caricis (Fullaway, 1910) 담뱃대진딧물

Genus *Viburnaphis* Pashtshenko, 1988
Viburnaphis viburnicola (Sorin, 1983) 불두화진딧물

Subfamily Baltichaitophorinae Heie, 1967
Genus *Parachaitophorus* Takahashi, 1937 조팝나무털진딧물속
Parachaitophorus spiraeae (Takahashi, 1924) 조팝나무털진딧물

Subfamily Calaphidinae Oestlund, 1919 참알락진딧물아과
Tribe Calaphidini Oestlund, 1919 참알락진딧물족
Subtribe Calaphidina Oestlund, 1919 참알락진딧물아족
Genus *Betacallis* Matsumura, 1919 오리나무알락진딧물속
Betacallis alnicolens Matsumura, 1919 오리나무알락진딧물

Genus *Calaphis* Walsh, 1863 검은맥알락진딧물속
Calaphis magnoliae Essig & Kuwana, 1918 목련알락진딧물
Calaphis similis Quednau, 1979 검은맥알락진딧물

Genus *Callipterinella* van der Goot, 1913 작은알락진딧물속
Callipterinella calliptera (Hartig, 1841) 작은알락진딧물
Callipterinella tuberculata (von Heyden, 1837) 작은줄알락진딧물

Genus *Clethrobius* Mordvilko, 1928 갈색알락진딧물속
Clethrobius comes (Walker, 1848) 갈색알락진딧물

Genus *Euceraphis* Walker, 1870 가루알락진딧물속
Euceraphis caerulescens Pashtshenko, 1984 푸른가루알락진딧물
Euceraphis punctipennis (Zetterstedt, 1840) 가루알락진딧물

Genus *Neobetulaphis* Basu, 1964 못털자작알락진딧물속
Neobetulaphis pusilla Basu, 1964 못털자작알락진딧물

Genus *Symydobius* Mordvilko, 1894 자작나무털진딧물속
Subgenus *Symydobius* Mordvilko, 1894
Symydobius (*Symydobius*) *minutus* Quednau & Shaposhnikov, 1988 작은털알락진딧물

Subgenus *Yezocallis* Matsumura, 1917
Symydobius (*Yezocallis*) *kabae* (Matsumura, 1917) 자작나무털진딧물

Tribe Panaphidini Oestlund, 1923 애알락진딧물족
Subtribe Myzocallidina Passerini, 1860 낙타진딧물아족
Genus *Tuberculatus* Mordvilko, 1894 낙타진딧물속
Subgenus *Acanthocallis* Matsumura, 1917
Tuberculatus (*Acanthocallis*) *macrotuberculatus* (Essig & Kuwana, 1918) 큰혹낙타진딧물
Tuberculatus (*Acanthocallis*) *quercicola* (Matsumura, 1917) 낙타진딧물

Subgenus *Acanthotuberculatus* Quednau, 1999
Tuberculatus (*Acanthotuberculatus*) *indicus* Ghosh, 1972 동양혹낙타진딧물
Tuberculatus (*Acanthotuberculatus*) *japonicus* Higuchi, 1969 일본낙타진딧물

Subgenus *Arakawana* Matsumura, 1917
Tuberculatus (*Arakawana*) *stigmatus* (Matsumura, 1917) 검은낙타진딧물

Subgenus *Nippocallis* Matsumura, 1917
Tuberculatus (*Nippocallis*) *kuricola* Matsumura, 1917 밤나무낙타진딧물

Subgenus *Orientuberculoides* Hille Ris Lambers, 1974
Tuberculatus (*Orientuberculoides*) *capitatus* (Essig & Kuwana, 1918) 못털낙타진딧물
Tuberculatus (*Orientuberculoides*) *fangi* (Tseng & Tao, 1938) 뾰족털낙타진딧물
Tuberculatus (*Orientuberculoides*) *fuscotuberculatus* Zhang, Zhang & Zhong, 1990 검은혹동양낙타진딧물
Tuberculatus (*Orientuberculoides*) *higuchii* Hille Ris Lambers, 1974 떡갈나무낙타진딧물
Tuberculatus (*Orientuberculoides*) *paiki* Hille Ris Lambers, 1974 백낙타진딧물
Tuberculatus (*Orientuberculoides*) *paranaracola* Hille Ris Lambers, 1974 신갈나무낙타진딧물
Tuberculatus (*Orientuberculoides*) *querciformosanus* (Takahashi, 1921) 대만낙타진딧물
Tuberculatus (*Orientuberculoides*) *yokoyamai* (Takahashi, 1923) 남방낙타진딧물

Subtribe Panaphidina Oestlund, 1923 애알락진딧물아족
Genus *Chromaphis* Walker, 1870 호두알락진딧물속
Chromaphis juglandicola (Kaltenbach, 1843) 호두알락진딧물

Genus *Chromocallis* Takahashi, 1961 초록알락진딧물속
Chromocallis nirecola (Shinji, 1933) 초록알락진딧물

Genus *Dasyaphis* Takahashi, 1938 납작가시진딧물속
Dasyaphis rhusae (Shinji, 1922) 납작가시진딧물

Genus *Mesocallis* Matsumura, 1919 노랑알락진딧물속
Subgenus *Mesocallis* Matsumura, 1919
Mesocallis (*Mesocallis*) *carpinicola* Lee, 2018 서나무검은줄알락진딧물
Mesocallis (*Mesocallis*) *pteleae* Matsumura, 1919 검은줄알락진딧물
Mesocallis (*Mesocallis*) *sawashibae* (Matsumura, 1917) 서나무노랑알락진딧물

Subgenus *Paratinocallis* Higuchi, 1972

Mesocallis (*Paratinocallis*) *corylicola* (Higuchi, 1972) 흰개암알락진딧물

Genus *Monelliopsis* Richards, 1965 무늬호두알락진딧물속
Monelliopsis caryae (Monell, 1879) 무늬호두알락진딧물

Genus *Neochromaphis* Takahashi, 1921 날개알락진딧물속
Neochromaphis carpinicola (Takahashi, 1921) 날개알락진딧물
Neochromaphis coryli (Takahashi, 1961) 개암나무날개알락진딧물

Genus *Panaphis* Kirkaldy, 1904 호두털알락진딧물속
Panaphis juglandis (Goeze, 1778) 호두털알락진딧물

Genus *Pseudochromaphis* Zhang, 1982 시나무알락진딧물속
Pseudochromaphis coreana (Paik, 1965) 시나무알락진딧물

Genus *Pterocallis* Passerini, 1860 난퇴잎개암나무알락진딧물속
Subgenus *Pterocallis* Passerini, 1860
Pterocallis (*Pterocallis*) *heterophylla* Quednau, 1979 난퇴잎개암나무알락진딧물

Subgenus *Recticallis* Matsumura, 1919
Pterocallis (*Recticallis*) *alnijaponicae* (Matsumura, 1919) 일본외줄낙타진딧물
Pterocallis (*Recticallis*) *nigrostriata* (Shinji, 1941) 외줄낙타진딧물

Genus *Sarucallis* Shinji, 1922 배롱나무알락진딧물속
Sarucallis kahawaluokalani (Kirkaldy, 1907) 배롱나무알락진딧물

Genus *Shivaphis* Das, 1918 팽나무알락진딧물속
Subgenus *Shivaphis* Das, 1918
Shivaphis (*Shivaphis*) *catalpinari* Quednau & Remaudire, 1985 풍게나무알락진딧물
Shivaphis (*Shivaphis*) *celti* Das, 1918 팽나무알락진딧물

Subgenus *Sinishivaphis* Zhang, 1982
Shivaphis (*Sinishivaphis*) *szelegiewiczi* Quednau, 1979 혹팽나무알락진딧물
Shivaphis (*Sinishivaphis*) *tilisucta* (Zhang, 1990) 짙은혹팽알락진딧물

Genus *Takecallis* Matsumura, 1919 조릿대알락진딧물속
Takecallis alba Lee, 2018 흰대알락진딧물
Takecallis arundicolens (Clarke, 1903) 조릿대알락진딧물
Takecallis arundinariae (Essig, 1917) 대알락진딧물
Takecallis taiwana (Takahashi, 1926) 대만대알락진딧물

Genus *Therioaphis* Walker, 1870 콩알락진딧물속
Subgenus *Pterocallidium* Brner, 1949
Therioaphis (*Pterocallidium*) *subalba* Brner, 1949 싸리날개콩알락진딧물
Therioaphis (*Pterocallidium*) *trifolii* (Monell, 1882) 콩알락진딧물

Genus *Tiliaphis* Takahashi, 1961 피나무알락진딧물속
Tiliaphis coreana Quednau, 1979 우리피나무알락진딧물

Tiliaphis pseudoshinae Quednau, 1979 닮은피나무알락진딧물
Tiliaphis shinae Shinji, 1924 참피나무알락진딧물
Tiliaphis shinjii Higuchi, 1972 무늬피나무알락진딧물

Genus *Tinocallis* Matsumura, 1919 느티나무알락진딧물속
Subgenus *Sappocallis* Matsumura, 1919
Tinocallis (*Sappocallis*) *saltans* (Nevsky, 1929) 애느릅알락진딧물
Tinocallis (*Sappocallis*) *takachihoensis* Higuchi, 1972 별점느릅알락진딧물
Tinocallis (*Sappocallis*) *ulmicola* (Matsumura, 1919) 느릅알락진딧물

Subgenus *Tinocallis* Matsumura, 1919
Tinocallis (*Tinocallis*) *mushensis* (Takahashi, 1925) 노랑느티나무알락진딧물
Tinocallis (*Tinocallis*) *ulmiparvifoliae* Matsumura, 1919 머리혹알락진딧물
Tinocallis (*Tinocallis*) *viridis* (Takahashi, 1929) 초록느티나무알락진딧물
Tinocallis (*Tinocallis*) *zelkowae* (Takahashi, 1929) 느티나무알락진딧물

Subfamily Chaitophorinae Koch, 1854 털진딧물아과
Tribe Chaitophorini Oestlund, 1919
Genus *Chaitophorus* Koch, 1854 털진딧물속
Chaitophorus hokkaidensis Higuchi, 1972 갯버들털진딧물
Chaitophorus matsumurai Hille Ris Lambers, 1960 버들잎털진딧물
Chaitophorus narae Shinji, 1941 참나무털진딧물
Chaitophorus populeti Panzer, 1801 은백양털진딧물
Chaitophorus populialbae populialbae (Boyer de Fonscolombe, 1841) 사시나무흰털진딧물
Chaitophorus yomefuri yomefuri Shinji, 1922 아스터털진딧물
Chaitophorus purpureae Lee & Seo, 1992 당키버들털진딧물
Chaitophorus saliapterus Shinji, 1924 버드나무털진딧물
Chaitophorus saliniger Shinji, 1924 대륙털진딧물
Chaitophorus variegatus Szelegiewicz, 1981 얼룩털진딧물

Genus *Periphyllus* van der Hoeven, 1863 진사진딧물속
Periphyllus allogenes Szelegiewicz, 1981 개성진사진딧물
Periphyllus californiensis (Shinji, 1917) 진사진딧물
Periphyllus hokkaidensis Sorin, 1990 울릉진사진딧물
Periphyllus koelreuteriae (Takahashi, 1919) 모감주진사진딧물
Periphyllus kuwanaii (Takahashi, 1919) 신나무진사진딧물
Periphyllus loricatus Pashtshenko, 1987 흰다리진사진딧물
Periphyllus testudinaceus (Fernie, 1852) 검은털진사진딧물
Periphyllus triflorumi Lee & Seo, 1992 복자기진사진딧물
Periphyllus unmoonsanensis Park & Park, 1996 운문진사진딧물
Periphyllus viridis (Matsumura, 1919) 푸른진사진딧물

Tribe Siphini Passerini, 1861
Genus *Atheroides* Haliday, 1839
Atheroides serrulatus Haliday, 1839 오마디왕진딧물

Subfamily Drepanosiphinae Herrich-Schaeffer, 1857 알락진딧물아과
Genus *Yamatocallis* Matsumura, 1917
Yamatocallis hirayamae Matsumura, 1917 단풍알락진딧물
Yamatocallis palgongsanensis An & Park, 1993 팔공단풍알락진딧물
Yamatocallis tokyoensis (Takahashi, 1923) 짙은단풍알락진딧물

Subfamily Eriosomatinae Baker, 1920 면충아과
Tribe Eriosomatini Baker, 1920
Genus *Aphidounguis* Takahashi, 1963
Aphidounguis mali Takahashi, 1963 외발톱면충

Genus *Colophina* Takahashi, 1938 할미질빵어리면충속
Colophina clematis (Shinji, 1922) 할미질빵어리면충

Genus *Eriosoma* Leach, 1818 면충속
Eriosoma auratum Akimoto, 1983 닮은사과면충
Eriosoma harunire Akimoto, 1983 닮은일본사과면충
Eriosoma japonicum Matsumura, 1917 일본사과면충
Eriosoma lanigerum Hausmann, 1802 사과면충
Eriosoma longicornutum Akimoto, 1983 긴더듬이면충
Eriosoma moriokense Akimoto, 1983 더듬이면충
Eriosoma yangi yangi Takahashi, 1939 대만면충

Genus *Kaltenbachiella* Schouteden, 1906 밤송이면충속
Kaltenbachiella elsholtriae (Shinji, 1936) 밤송이면충
Kaltenbachiella nirecola (Matsumura, 1917) 어리면충

Genus *Paracolopha* Hille Ris Lambers, 1966
Paracolopha morrisoni (Baker, 1919) 외줄면충

Genus *Tetraneura* Hartig, 1841 네줄면충속
Subgenus *Tetraneura* Hartig, 1841
Tetraneura (*Tetraneura*) *iriensis* Lee, Seo & Hwang, 1993 이리네줄면충
Tetraneura (*Tetraneura*) *paiki* Hille Ris Lambers, 1970 백네줄면충
Tetraneura (*Tetraneura*) *pumilae* Lee, Seo & Hwang, 1993 비술네줄면충
Tetraneura (*Tetraneura*) *radicicola* Strand, 1929 털네줄면충
Tetraneura (*Tetraneura*) *ulmi* (Linnaeus, 1758) 느릅네줄면충
Tetraneura (*Tetraneura*) *yezoensis* Matsumura, 1917 일본느릅네줄면충

Subgenus *Tetraneurella* Hille Ris Lambers, 1970
Tetraneura (*Tetraneurella*) *nigriabdominalis* (Sasaki, 1899) 검은배네줄면충
Tetraneura (*Tetraneurella*) *polychaeta* Hille Ris Lambers, 1970 털느릅면충
Tetraneura (*Tetraneurella*) *sorini* Hille Ris Lambers, 1970 남방네줄면충

Tribe Fordini Baker, 1920
Genus *Chaetogeoica* Remaudire & Tao, 1957 털땅면충속
Chaetogeoica foliodentata Tao, 1947 털땅면충

Genus *Geoica* Hart, 1894 땅면충속
Geoica lucifuga (Zehntner, 1897) 땅면충

Genus *Nurudea* Matsumura, 1917 꽃오배자면충속
Nurudea ibofushi Matsumura, 1917 옻꽃오배자면충
Nurudea yanoniella Matsumura, 1917 꽃오배자면충

Genus *Paracletus* von Heyden, 1837 빈대면충속
Paracletus cimiciformis von Heyden, 1837 빈대면충

Genus *Schlechtendalia* Lichtenstein, 1883 오배자면충속
Schlechtendalia chinensis Bell, 1851 오배자면충

Tribe Pemphigini Herrich-Schaeffer, 1854
Genus *Prociphilus* Koch, 1857 물푸레면충속
Subgenus *Paraprociphilus* Eastop & Hille Ris Lambers, 1976
Prociphilus (*Paraprociphilus*) *baicalensis* (Cholodkovsky, 1920) 바이칼면충

Subgenus *Prociphilus* Koch, 1857
Prociphilus (*Prociphilus*) *chaenomelis* Lee, Seo & Hwang, 1993 모과면충
Prociphilus (*Prociphilus*) *clerodendri* Okamoto & Takahashi, 1927 동해면충
Prociphilus (*Prociphilus*) *crataegicola* Shinji, 1922 산사나무면충
Prociphilus (*Prociphilus*) *kuwanai* Monzen, 1927 배나무면충
Prociphilus (*Prociphilus*) *oriens* Mordvilko, 1935 물푸레면충
Prociphilus (*Prociphilus*) *osmanthae* Essig & Kuwana, 1918 쥐똥나무면충

Subgenus *Stagona* Koch, 1857
Prociphilus (*Stagona*) *ushikoroshi* Shinji, 1924 윤노리나무면충

Genus *Thecabius* Koch, 1857 황철나무면충속
Subgenus *Thecabius* Koch, 1857
Thecabius (*Thecabius*) *affinis* (Kaltenbach, 1843) 황철나무면충

Genus *Pemphigus* Hartig, 1839 황철나무혹면충속
Subgenus *Pemphigus* Hartig, 1839
Pemphigus (*Pemphigus*) *dorocola* Matsumura, 1917 황철나무혹면충
Pemphigus (*Pemphigus*) *matsumurai* Monzen, 1929 황철나무자루면충
Pemphigus (*Pemphigus*) *niishimae* (Matsumura, 1917) 황철나무볏면충

Subfamily Greenideinae Baker, 1920 털관진딧물아과
Tribe Cervaphidini van der Goot, 1917
Genus *Cervaphis* van der Goot, 1917 가시진딧물속
Cervaphis quercus Takahashi, 1918 가시진딧물

Tribe Greenideini Baker, 1920
Genus *Eutrichosiphum* Essig & Kuwana, 1918 오마디털관진딧물속
Eutrichosiphum pasaniae (Okajima, 1908) 오마디털관진딧물

Genus *Greenidea* Schouteden, 1905 털관진딧물속
Subgenus *Trichosiphum* Pergande, 1906
Greenidea (*Trichosiphum*) *kuwanai* (Pergande, 1906) 털뿔진딧물
Greenidea (*Trichosiphum*) *nipponica* Suenaga, 1934 털관진딧물

Subfamily Hormaphidinae Mordvilko, 1908 뿔진딧물아과
Tribe Cerataphidini Baker, 1920
Genus *Aleurodaphis* van der Goot, 1917 가루이진딧물속
Aleurodaphis asteris Takahashi & Sorin, 1958 쑥부쟁이가루이진딧물
Aleurodaphis blumeae van der Goot, 1917 가루이진딧물

Genus *Ceratoglyphina* van der Goot, 1917 조릿대납작진딧물속
Ceratoglyphina styracicola (Takahashi, 1921) 조릿대납작진딧물

Genus *Ceratovacuna* Zehntner, 1897 때죽납작진딧물속
Ceratovacuna cerbera Aoki, Kurosu, Shin & Choe, 1999
Ceratovacuna japonica (Takahashi, 1924) 일본납작진딧물
Ceratovacuna nekoashi (Sasaki, 1910) 때죽납작진딧물

Genus *Pseudoregma* Doncaster, 1966 뿔대진딧물속
Pseudoregma panicola (Takahashi, 1921) 뿔대진딧물

Genus *Tuberaphis* Takahashi, 1933 고교진딧물속
Tuberaphis coreana Takahashi, 1933 고교진딧물
Tuberaphis styraci (Brner, 1926) 쪽동백납작진딧물

Tribe Hormaphidini Oestlund, 1919
Genus *Doraphis* Matsumura & Hori ex Hori, 1929 포플라뿔진딧물속
Doraphis populi (Maskell, 1898) 포플라뿔진딧물

Genus *Hormaphis* Osten-Sacken, 1861
Hormaphis betulae (Mordvilko, 1901) 자작나무뿔진딧물

Tribe Nipponaphidini Ghosh, 1988
Genus *Dermaphis* Takahashi, 1958 제주가슴진딧물속
Dermaphis japonensis Takahashi, 1958 제주가슴진딧물
Dermaphis autumna (Monzen, 1934) 조록나무혹진딧물

Genus *Neothoracaphis* Takahashi, 1958 조롱나무잎진딧물속
Neothoracaphis yanonis Matsumura, 1917 조롱나무잎진딧물

Genus *Nipponaphis* Pergande, 1906 가슴진딧물속
Nipponaphis coreana (Paik, 1965) 가슴진딧물
Nipponaphis distychii Pergande, 1906 조롱나무용안진딧물

Subfamily Lachninae Herrich-Schaeffer, 1854 왕진딧물아과
Tribe Eulachnini Baker, 1920
Genus *Cinara* Curtis, 1835 왕진딧물속

Subgenus *Cinara* Curtis, 1835
Cinara (*Cinara*) *atlantica* (Wilson, 1919) 리기다왕진딧물
Cinara (*Cinara*) *cembrae* (Seitner, 1936) 잣나무작은왕진딧물
Cinara (*Cinara*) *deodarae* Seo, 1994 개잎갈나무왕진딧물
Cinara (*Cinara*) *formosana* (Takahashi, 1924) 대만왕진딧물
Cinara (*Cinara*) *kochiana* kochiana (Brner, 1939) 콧호왕진딧물
Cinara (*Cinara*) *laricicola* (Matsumura, 1917) 낙엽송왕진딧물
Cinara (*Cinara*) *laricis* (Hartig, 1839) 잎갈나무왕진딧물
Cinara (*Cinara*) *longipennis* (Matsumura, 1917) 전나무왕진딧물
Cinara (*Cinara*) *orientalis* (Takahashi, 1925) 동양왕진딧물
Cinara (*Cinara*) *pinidensiflorae* (Essig & Kuwana, 1918) 소나무왕진딧물
Cinara (*Cinara*) *piniformosana* (Takahashi, 1923) 곰솔왕진딧물
Cinara (*Cinara*) *shinjii* Inouye, 1938 진사왕진딧물
Cinara (*Cinara*) *togyuensis* Seo, 1994 덕유왕진딧물
Cinara (*Cinara*) *watanabei* Inouye, 1970 잣나무왕진딧물

Subgenus *Cupressobium* Brner, 1940
Cinara (*Cupressobium*) *fresai* Blanchard, 1939 향나무왕진딧물
Cinara (*Cupressobium*) *juniperi* (De Geer, 1773) 노간주왕진딧물
Cinara (*Cupressobium*) *louisianensis* Boudreaux, 1949 측백초록왕진딧물
Cinara (*Cupressobium*) *tujafilina* (Del Guercio, 1909) 측백왕진딧물

Subgenus *Schizolachnus* Mordvilko, 1909
Cinara (*Schizolachnus*) *orientalis* (Takahashi, 1924) 가루왕진딧물

Genus *Eulachnus* Del Guercio, 1909 호리왕진딧물속
Eulachnus agilis (Kaltenbach, 1843) 못털호리왕진딧물
Eulachnus pumilae Inouye, 1939 잣나무호리왕진딧물
Eulachnus thunbergii Wilson, 1919 호리왕진딧물

Tribe Lachnini Herrich-Schaeffer, 1854
Genus *Lachnus* Burmeister, 1835 밤나무왕진딧물속
Lachnus chosoni Szelegiewicz, 1975 북방밤나무왕진딧물
Lachnus tropicalis (van der Goot, 1916) 밤나무왕진딧물

Genus *Maculolachnus* Gaumont, 1920 장미왕진딧물속
Maculolachnus paiki Seo, 1994 무주장미왕진딧물
Maculolachnus submacula (Walker, 1848) 장미왕진딧물

Tribe Stomaphidini Mordvilko, 1914
Genus *Stomaphis* Walker, 1870
Stomaphis asiphon Szelegiewicz, 1975 민주둥이왕진딧물
Stomaphis japonica Takahashi, 1960 참주둥이왕진딧물
Stomaphis yanonis Takahashi, 1918 주둥이왕진딧물

Tribe Tuberolachnini Oestlund, 1942
Genus *Nippolachnus* Matsumura, 1917 배나무왕진딧물속
Nippolachnus piri Matsumura, 1917 배나무왕진딧물

Genus *Tuberolachnus* Mordvilko, 1909 버들왕진딧물속
Subgenus *Tuberolachnus* Mordvilko, 1909
Tuberolachnus (*Tuberolachnus*) *salignus* (Gmelin, 1790) 버들왕진딧물

Subfamily Mindarinae Tullgren, 1909 잎말이진딧물아과
Genus *Mindarus* Koch, 1857 전나무잎말이진딧물속
Mindarus abietinus Koch, 1857 가문비나무잎말이진딧물
Mindarus japonicus Takahashi, 1931 전나무잎말이진딧물

Subfamily Phyllaphidinae Tullgren, 1909
Genus *Diphyllaphis* Takahashi, 1960 갈참나무가루진딧물속
Subgenus *Diphyllaphis* Takahashi, 1960
Diphyllaphis (*Diphyllaphis*) *konarae* (Shinji, 1924) 둥글무늬가루진딧물

Subgenus *Nymphaphis* Takahashi, 1960
Diphyllaphis (*Nymphaphis*) *quercus* (Takahashi, 1960) 갈참나무가루진딧물

Genus *Phyllaphis* Koch, 1856
Phyllaphis fagi (Linnaeus, 1761)

Subfamily Saltusaphidinae Baker, 1920
Tribe Saltusaphidini Baker, 1920
Genus *Saltusaphis* Theobald, 1915
Saltusaphis tuberculata Quednau & Lee, 2001 사초혹진딧물

Tribe Thripsaphidini Gillette, 1917
Genus *Subsaltusaphis* Quednau, 1952 벼룩진딧물속
Subgenus *Subsaltusaphis* Quednau, 1952
Subsaltusaphis (*Subsaltusaphis*) *virginica* (Baker, 1917) 벼룩진딧물

Genus *Thripsaphis* Gillette, 1917
Thripsaphis (*Thripsaphis*) *ballii caespitosae* Ossiannilsson, 1954 총채진딧물

Subfamily Thelaxinae Baker, 1920 납작진딧물아과
Tribe Thelaxini Baker, 1920
Genus *Glyphina* Koch, 1856
Glyphina betulae (Linnaeus, 1758)

Genus *Kurisakia* Takahashi, 1924 밤나무두갈래진딧물속
Kurisakia onigurumii (Shinji, 1923) 밤나무두갈래진딧물

한국의 진딧물 I (노린재목: 진딧물과)
The Aphids of Korea I (Hemiptera: Aphididae)

인쇄 2020년 2월 1일
발행 2020년 2월 3일

저　　자 | 서홍렬, 강의영, 오흥윤, 이민호, 이승환
발 행 인 | 국립생물자원관장 배연재
기획총괄 | 국립생물자원관 이병윤, 유정선, 서홍렬
편집 및 제작 | 정행사
서울시 동대문구 난계로 28길 48 303호
Tel. 02-2232-3281, e-mail. s3213@korea.com

발간등록번호 11-1480592-001588-01
ISBN 979-11-89285-13-5 93490
값 70,000원